复合材料折线形加筋板
屈曲分析与优化设计

Buckling Analysis and Optimal Design for
Folded Stringers Stiffened Composite Panel

王文浩　著

北　京

冶金工业出版社

2020

内 容 提 要

本书介绍了飞机复合材料折线形加筋板在轴压载荷作用下的屈曲和后屈曲行为研究的传统理论和方法及最新研究进展，以及针对这一结构的参数敏感性和优化设计方法。

本书可以为飞机设计、机械制造和土木工程等相关专业的研究人员和工程技术人员提供参考。

图书在版编目 (CIP) 数据

复合材料折线形加筋板屈曲分析与优化设计/王文浩著 .—北京：冶金工业出版社，2019.9（2020.10重印）
ISBN 978-7-5024-8210-7

Ⅰ.①复… Ⅱ.①王… Ⅲ.①飞机—复合材料结构—加筋—板屈曲 Ⅳ.①V257

中国版本图书馆 CIP 数据核字（2019）第 178923 号

出 版 人 苏长永
地 址 北京市东城区嵩祝院北巷 39 号 邮编 100009 电话 (010)64027926
网 址 www.cnmip.com.cn 电子信箱 yjcbs@cnmip.com.cn
责任编辑 李培禄 美术编辑 吕欣童 版式设计 孙跃红
责任校对 郑 娟 责任印制 李玉山
ISBN 978-7-5024-8210-7
冶金工业出版社出版发行；各地新华书店经销；北京虎彩文化传播有限公司印刷
2019 年 9 月第 1 版，2020 年 10 月第 2 次印刷
169mm×239mm；9.25 印张；178 千字；131 页
49.00 元

冶金工业出版社 投稿电话 (010)64027932 投稿信箱 tougao@cnmip.com.cn
冶金工业出版社营销中心 电话 (010)64044283 传真 (010)64027893
冶金工业出版社天猫旗舰店 yjgycbs.tmall.com
（本书如有印装质量问题，本社营销中心负责退换）

前　言

随着新型飞机结构形式的不断出现，折线形加筋板在飞机结构中的采用逐渐增多，但是对这类结构承载力的可靠预测和优化设计目前较少。本书对轴压载荷作用下的复合材料折线形加筋板屈曲和后屈曲行为展开研究，并提出"数值模拟→试验验证→重要参数敏感性分析→优化设计"的总体研究路线。采用数值模拟与试验相结合的研究方法，对承载能力进行了预测，对结构损伤演化进行了模拟并进行了试验验证。在此基础上，开展了结构参数的敏感性和结构的综合优化设计研究工作。本书工作主要体现在以下几个方面：

（1）针对本书的复合材料折线形加筋板模型，经理论分析和试验验证，提出了合理的屈曲、后屈曲有限元理论，主要包括：1）适用于特征值屈曲分析的线性摄动法，适用于非线性分析的改进的弧长法（Riks 方法）；2）对非线性的弹塑性铝合金材料采用了切线模量理论，对非线性的复合材料采用了刚度退化理论；3）材料刚度退化方案采用修正的 Hashin 失效准则判定失效，然后对刚度进行折减。此外，还编制了用户子程序实现刚度退化模拟。

（2）采用四个算例对本书采用的有限元理论进行了验证。四个算例的选取由局部到整体，即先筋条、壁板，然后加筋板整体。前两个算例通过分别对单根筋条和可作为机身常用结构的圆柱壳的屈曲、后屈曲行为进行的解析解和有限元解的比较，验证了弹塑性材料非线性屈曲理论。后两个算例通过分别对复合材料 T 形加筋板和复合材料帽形加筋板的屈曲、后屈曲行为进行的有限元解与试验结果的对比，验证了复合材料层合板非线性屈曲理论。通过对后两算例中考虑界面单元与不考虑界面单元结果的分析，得出界面脱粘损伤对模拟结果影响并不显著，试验结果显示在屈曲阶段界面脱粘区域极小，对加筋结构整体刚度的影响可以忽略不计，若界面强度足够，在加筋板达到极限载荷前没有出现过大的脱粘损伤区域，极限载荷也不会有显著影响。算例验证结果表明本书研究方法具有较高的可靠性。

（3）基于经过上述验证的有限元理论，对复合材料折线形加筋板屈曲、后屈曲行为展开分析。提出在加筋板达到极限载荷前筋条与蒙皮界面不会出现分层的假定，使得模型得到了合理的简化，在保证计算精度的前提下提高了计算效率。通过计算得到了屈曲临界载荷、极限载荷以及反映结构损伤扩展历程的载荷位移曲线。最后对结果进行了收敛性分析，验证了结果的合理性。有限元计算结果表明由线性摄动法计算出的特征值屈曲载荷比考虑结构初始缺陷和非线性计算出的屈曲临界载荷值大，可见线性方法计算出的结果是非保守的，因此，工程设计如果采用这一结果可能是不安全的。分析结果与试验结果均表明该结构极限载荷相对屈曲临界载荷有大幅提升，可见后屈曲强度潜力很大，对于结构减重和提高结构承载力有重大意义。

（4）采用 Python 命令流对结构的敏感性进行了分析。得出结构的初始缺陷大小对承载力的影响曲线，可以对构件的生产和制造在不显著影响结构性能的前提下提出合理的误差值，通过该曲线可以确定偏移值的不同变化率区间，避免取值在陡降段区间，导致对承载力产生较大影响，从而达到对初始缺陷进行有效控制的目的。指出采用本书的有限元理论和实测的加筋板偏移值可以较准确地估计出承载力。本书的敏感性分析方法还可用来确定其他设计参数扰动对结构主要性能指标的影响。

（5）针对复合材料折线形加筋板屈曲、后屈曲优化问题展开研究，对优化过程中存在的多变量、多约束、多峰值现象，提出对设计变量进行试验设计（DOE）分析、基于遗传算法（GA）进行全局搜索、基于响应面（RSM）近似模型和序列二次规划（SQP）相结合的局部寻优的优化策略，保证分析精度的条件下，节省了数值模拟的时间开销。

接着分别对加筋板筋条、壁板的铺层厚度、铺层顺序、筋条数量以及连接部件材料展开优化设计。经过与原模型比较，达到了结构轻量化的目标。

该书内容新颖，紧跟学术前沿，在科学研究方面，体现了国内最新的发展现状和水平；在内容上，通俗易懂，为复合材料结构设计理论的发展起到了良好的推动作用，对今后其他类型工程问题的解决有很强的借鉴意义。

本专著凝结了作者多年来的学习和研究心得，具有以下特色：

（1）理论与实际相结合。本书以取自某型无人机油箱壁板的复合材料折线形加筋板为对象，进行数值分析、试验研究和优化设计，所得结论具有很强的应用价值。

（2）内容丰富。本书内容涵盖了复合材料加筋板屈曲、后屈曲分析方法，参数敏感性分析和优化设计方法以及试验验证方法，内容详实。

（3）在写作上，考虑到不同的读者需求，兼顾科学化和通俗化。书中的多个算例，可以帮助读者更好地理解屈曲分析方法的实质；对于学习软件或者理论分析的读者也可以将本书的算例作为验证。

本书的出版得到了太原科技大学机械工程学院韩刚、高有山教授的大力支持，谨表谢意。由于时间紧迫和作者本人水平有限，书中难免有错误和不妥之处，恳切希望读者提出批评指正和修改意见。

王文浩

2019 年 6 月

Preface

With the advent of novel aircraft structures, folded stringers stiffened composite panels are finding increasing application in aircraft structures. However, for these structures, the reliable prediction and the optimal designfor-bearing capacitiesarerarely reported. In this dissertation, buckling and post-buckling behaviors of a folded stringers stiffened composite panel are investigated under axial compression by a general studying line—numerical simulation→test verification→sensitivity analysis for important parameters→optimal design. Combining numerical simulation with tests, the bearing capacities were predicted, damage evolution was simulated and the results were verified through tests. On the basis of the previous conclusion, a sensitivity research and an optimal design of the structure parametrics were carried out. The main contents of this dissertation are listed as follows:

(1) By means of theoretic analysis and experiment verification, reasonable buckling and post-buckling finite element theories were applied on the folded stringers stiffened composite panel model. They primarily included: 1) alinear perturbation method that was applied to analyze eigenvalue buckling, modified arc-length method, namely, Riks method that was applied to nonlinear analysis; 2) atangent modulus theory that was applied to the nonlinear elasto-plastic aluminum alloy material, and a stiffness degradation theory that was applied to the nonlinear composite material; 3) astiffness degradation scheme that adopted modified Hashin Criterion to identify failures, and then took degradation of stiffness into account. In addition, the stiffness degradationwas realizedby using user-defined subroutines.

（2）Four examples were implemented to verify the finite element theories a-dopted in this dissertation. The 4 selected numerical examples follows from the parts to the whole, namely, from the stringer and panel to the whole stringer stiffened panel. The first two examples had verified the nonlinear buckling theory for the elasto-plastic material by comparing the analytic solu-tions with the finite element solutions. The analytic solutions and the finite el-ement solutions were from the buckling and post-buckling analysis of a single stringer in the first example and a cylindrical shell which is used as a common structure of airframe in the second example, respectively. The last two examples had verified the nonlinear buckling theory for stringer stiffened composite laminated panel by comparing the finite element solutions with the test results. The finite element solutions were from the buckling and post-buckling analysis of a T stringer stiffened composite panel in the first example and an omega stringer stiffened composite panel in the second example, re-spectively. The test results were from axial compression tests for the two kinds of stiffened composite panel. It is found that interfacial debonding has no sig-nificant effect on the simulated results by analyzing with and without interfa-cial elements in the two examples. In buckling phase, the regions of interfa-cial debonding were extremely small by test observation, so the effect can be negligible for the whole stiffness of stiffened structures. Before stiffened panel reaching the ultimate load, if the strength of interfacial was enough without too many debonding regions, the effect could also be negligible for the ulti-mate load. The verified results of the four examples showed that the research method of this dissertation has a good reliability.

（3）Thefolded stringers stiffened composite panelwas analyzed by the finite element theories which had beenpreviously verified. An assumption was put forward that debonding between the stiffeners and skin do not occur before reaching the ultimate load of the stiffened panel. In doing so, the model was reasonably simplified, and the calculation efficiency was improved under the premise of ensuring the calculation accuracy. The buckling critical load, ultimate load and force-displacement curves which reflected the damage propagation were obtained. At last, the convergence of the results was analyzed, and then their rationality was verified. The finite element calculation results indicate: eigenvalue buckling load calculated by the linear perturbation methodis larger than the buckling critical load calculated by considering the initial imperfection and nonlinearity. In other words, the calculated results by linear method are non-conservative. Therefore, they are unsafein engineering. The simulation and test results showed that the ultimate load was significantly higher than the buckling critical load. Therefore, the strength of post-buckling may have great potential, and it is significant in reducing structure weight and improving the bearing capacities.

(4) By using the python command stream, the structure sensitivity was analyzed. The relationship curve between the initial imperfection and bearing capacity was obtained. From the curve, on the one hand, reasonable errors can be put forward for the manufacture and production on condition of no affecting structure behaviors significantly, on the other hand, the different change rate intervals of offset values can be identifiedand then the values in steep drop intervals should be avoided becauseit can greatlyaffectthe bearing capacity. Accordingly, the initial imperfection can be validlycontrolled. Bearing capacity can be estimated accurately by employing the aforementioned finite element methods and the stiffened panel offsets which were actually measured. The sensitivity method can be used to identify the influences of other design parameters on the main performance indexes of thestructure.

(5) The buckling and post-buckling optimization of the folded stringers stiffened composite panel was investigated. In view of multi-variables, multi-

constraints and multi – peak value, the optimization strategies were put forward including the design of experiment (DOE) analysis for design varia-bles, the global search based on genetic algorithm (GA), and the local op-timization based on combining response surface models (RSM) with sequen-tial quadratic programming (SQP). As a result of the above methods, not only wasthe analysis accuracy guaranteed, but also the computation time of numerical simulation was saved. Then the optimal design was carried out, and the objects included the layers thickness, stackingsequences of stringers and skin, number of stringers and material of connective parts. Through com-parison with the original model, the optimization design had achieved the aim of light–weight.

The book is novel in content, closely following the academic frontier, and embodies the latest development status and level in scientific research in Chi-na. In terms of content, it is easy to understand, which has played a good role in promoting the development of composite structure design theory, and has a strong reference significance for solving other types of engineering prob-lems in the future.

This monograph condenses the author's learning and research experience o-ver the years and has the following characteristics:

(1) Combining theory with practice. In this book, the numerical analysis, experimental research and optimal design of composite stiffened panels are carried out, which are taken from the panels of fuel tanks of an unmanned aerial vehicle (UAV). The conclusions obtained have great application val-ue.

(2) Rich content. This book covers the buckling, post–buckling analysis methods, parameter sensitivity analysis, optimization design methods and experimental verification methods of composite stiffened plates, with detailed contents.

(3) In writing, I should take into account the needs of different readers, and take into account both scientific and popular. Several examples in the book can help readers better understand the essence of buckling analysis method. For the readers of learning software or theoretical analysis, the examples in this paper can also be used as validation.

I would like to express my gratitude to Professors Han Gang and Gao Youshan of the College of Mechanical Engineering of Taiyuan University of Science and Technology for their concern and assistance in the process of publishing this book. Due to the time constraints and the author's limited level, there are inevitably errors and inadequacies in the book. We sincerely hope that readers will make comments, corrections and revisions.

Wang Wenhao

2019-06

目　录

1 绪论 ……………………………………………………………………… 1

1.1 研究背景及意义 …………………………………………………… 1

1.2 研究现状 …………………………………………………………… 2

   1.2.1 复合材料加筋结构屈曲理论研究进展 ……………………… 3

   1.2.2 复合材料加筋结构稳定性试验研究进展 …………………… 5

   1.2.3 复合材料加筋板损伤模式及失效准则研究现状 …………… 7

   1.2.4 复合材料加筋板设计方法研究现状 ………………………… 11

1.3 本书主要研究工作 ………………………………………………… 12

2 结构的屈曲和后屈曲基本理论 …………………………………… 14

2.1 引言 ………………………………………………………………… 14

   2.1.1 屈曲和后屈曲基本概念 ……………………………………… 14

   2.1.2 缺陷敏感型结构和缺陷非敏感型结构 ……………………… 16

2.2 屈曲和后屈曲的判别准则 ………………………………………… 16

2.3 屈曲、后屈曲的分析方法 ………………………………………… 17

   2.3.1 伽辽金法 ……………………………………………………… 17

   2.3.2 有限元法 ……………………………………………………… 18

   2.3.3 摄动法 ………………………………………………………… 19

   2.3.4 方法比较 ……………………………………………………… 20

2.4 几何非线性屈曲、后屈曲理论 …………………………………… 20

   2.4.1 全拉格朗日（Lagrange）格式 ……………………………… 20

   2.4.2 屈曲平衡方程 ………………………………………………… 22

   2.4.3 屈曲方程的解法 ……………………………………………… 23

   2.4.4 屈曲、后屈曲方程有限元解法讨论 ………………………… 24

2.5 本章小结 …………………………………………………………… 25

3 复合材料加筋板屈曲和后屈曲有限元分析理论及验证 ……… 26

3.1 引言 ………………………………………………………………… 26

3.2　复合材料加筋板屈曲、后屈曲有限元计算方法介绍 ……………… 26

　　3.2.1　复合材料层合板非线性屈曲理论 ……………………… 27

　　3.2.2　Hashin 失效准则及材料刚度退化方案 ………………… 32

3.3　方法验证算例 ………………………………………………… 34

　　3.3.1　弹塑性材料屈曲、后屈曲理论算例 1 …………………… 34

　　3.3.2　弹塑性材料屈曲、后屈曲理论算例 2 …………………… 39

　　3.3.3　复合材料非线性屈曲、后屈曲理论算例 3 和算例 4 …… 42

3.4　本章小结 ……………………………………………………… 52

4　复合材料折线形加筋板屈曲和后屈曲有限元分析 ……………… 54

4.1　引言 …………………………………………………………… 54

4.2　有限元软件 ABAQUS 的主要特点 ………………………… 57

4.3　几何模型 ……………………………………………………… 57

4.4　有限元建模及施加载荷和边界条件 ………………………… 59

4.5　分析方法与分析过程 ………………………………………… 60

4.6　结果与讨论 …………………………………………………… 62

　　4.6.1　特征值屈曲分析 ………………………………………… 62

　　4.6.2　非线性屈曲分析 ………………………………………… 63

4.7　本章小结 ……………………………………………………… 65

5　复合材料折线形加筋板屈曲和后屈曲试验分析 ………………… 66

5.1　引言 …………………………………………………………… 66

5.2　复合材料折线形加筋板试验 ………………………………… 66

　　5.2.1　试验件介绍 ……………………………………………… 66

　　5.2.2　试验加载装置 …………………………………………… 67

　　5.2.3　试验加载设备 …………………………………………… 68

　　5.2.4　试验方案 ………………………………………………… 70

　　5.2.5　试验过程 ………………………………………………… 71

5.3　试验结果分析及与有限元结果的比较 ……………………… 72

　　5.3.1　试验结果分析 …………………………………………… 72

　　5.3.2　试验结果与有限元解的比较 …………………………… 75

5.4　本章小结 ……………………………………………………… 75

6　复合材料折线形加筋板轴压承载力敏感性分析 ………………… 76

6.1　引言 …………………………………………………………… 76

6.2　敏感性分析法概述 ································· 76

6.3　敏感性分析的基本理论及分析公式 ················· 77

6.4　初始几何缺陷的描述 ····························· 79

　　6.4.1　初始几何缺陷的认知不确定性模型 ··········· 79

　　6.4.2　初始几何缺陷的抽样方法 ················· 80

6.5　Python 语言在 ABAQUS 中的应用 ················· 80

　　6.5.1　Python 语言的特点 ····················· 80

　　6.5.2　Python 语言与 ABAQUS 软件 ············· 81

6.6　复合材料折线形加筋板的灵敏度分析 ··············· 81

　　6.6.1　灵敏度分析流程介绍 ····················· 81

　　6.6.2　灵敏度计算结果分析 ····················· 81

　　6.6.3　敏感性分析结果与试验对比 ··············· 84

6.7　本章小结 ····································· 85

7　复合材料折线形加筋板屈曲及后屈曲优化设计 ·········· 86

7.1　引言 ··· 86

7.2　优化理论 ····································· 86

　　7.2.1　优化设计方法发展历程及在飞机设计中的应用现状 ··· 86

　　7.2.2　试验设计（DOE）方法 ··················· 87

　　7.2.3　遗传算法（GA） ······················· 89

　　7.2.4　响应面法（RSM） ······················· 93

　　7.2.5　序列二次规划法（SQP） ················· 94

　　7.2.6　粒子群算法（PSO） ····················· 95

　　7.2.7　采用 GA 和 SQP 相结合的二阶段优化方案 ····· 97

　　7.2.8　复合材料折线形加筋板屈曲、后屈曲优化策略 ··· 98

　　7.2.9　采用 iSIGHT 的系统集成 ················· 100

7.3　复合材料折线形加筋板屈曲、后屈曲分析优化设计 ····· 100

　　7.3.1　加筋板铺层顺序和厚度优化 ··············· 100

　　7.3.2　iSIGHT 建模与求解 ····················· 101

　　7.3.3　优化结果 ····························· 106

　　7.3.4　筋条数目优化 ························· 108

　　7.3.5　复合材料折线形加筋板连接部位优化 ········· 109

7.4　本章小结 ····································· 113

8　总结和展望 ···································· 115

8.1　全书总结 ····································· 115

8.2　本书的创新点 ……………………………………………… 116

8.3　工作展望 …………………………………………………… 117

参考文献 ………………………………………………………… 118

后记 …………………………………………………………… 130

1 绪 论

1.1 研究背景及意义

随着人类对自然认识的不断深入和改造自然需求的不断提高，天然材料已不能满足人们的需要，航空航天、建筑、机械、化工、电子电气、船舶、军工等领域都对材料性能提出了更高的要求，促使人类开始探索各种具有特殊性能的功能性材料。其中轻质高强的材料可以说是各行业追求的共同目标之一。进入 21 世纪以后，世界各国对复合材料的关注程度越来越高，尤其是在航空航天领域。

飞机和航天飞机是对重量高度敏感的结构，在这些结构中使用复合材料能获得更大的经济效益[1]，这是由于复合材料与传统的铝合金、钢材等材料相比具有比刚度大、比强度高、疲劳寿命长、耐腐蚀等许多优点。近年来，复合材料在飞机中的用量正在不断增加，以运输机为例，从开始的非关键部位（如雷达罩、整流罩及口盖、舱门等），到后来的较关键的次承力结构（如飞机控制面和尾翼主结构），现在已经大量应用于机翼[2]和机身等主承力结构构件[3]，可以说，复合材料用量在飞机结构中所占比例的大小在很大程度上代表着设计水平的高低。

复合材料层合板具有方向性，根据这一特点工程师可以设计出满足特定载荷工况或者刚度要求的结构，同时在强度和刚度需求较低的方向上不会浪费材料，从而可以更加准确地裁剪材料，提高材料利用率。正是由于复合材料层合板具有这样的性质，目前在工程上用量日益增加。

复合材料加筋层合板（以下简称复材加筋板）结构在工程中应用非常广泛，例如飞机机身、机翼上广泛分布的蒙皮与筋条、机翼梁腹板、油箱壁板等。与一般结构应同时满足强度、刚度、稳定性方面的要求不同，对于加筋板结构失稳是主要破坏形式，而通常情况下强度和刚度均能满足要求。大量的薄壁结构在屈曲后表现为承载能力快速下降，变形急剧增大，丧失承载能力而最终破坏。但是文献［4~9］研究结果及试验均表明加筋板结构在屈曲后虽然会出现一定程度的损伤，并且随着载荷的增大损伤也在增大，但是仍然具有相当的承载能力。

由于加筋板结构的屈曲行为存在对缺陷敏感的特性，在生产制造中可能产生的各种缺陷和在试验中难免会出现的各种偏差，例如加载偏心、构件的约束情况与设计意图的偏差等，所以很难单独采用试验的方法来分析复材加筋板的屈曲性能。这也是结构屈曲早期研究中理论计算结果与试验数据之间差异的原因之一[3]。另外，复材层合板属于刚度可设计材料，从经济的角度讲也不可能对各种铺层形式的复材加筋板结构都进行屈曲试验，从而确定出最优方案。所以，只有借助于数值模拟方法同时结合一定量的试验验证来分析复材加筋板的屈曲性能才可为这类结构的合理设计提供经济有效的参考依据。

近年来，在新一代军机，特别是无人机的设计中，重量指标的要求比以前更加苛刻，仅靠复合材料本身重量优势已不能满足要求。这就需要设计人员改进设计方法，进一步发掘材料和结构的潜力——由使用载荷下不发生屈曲的传统设计方法转变为一定程度上允许其在失稳情况下继续承载的新方法。在同样的使用载荷下，允许其出现一定程度的失稳就可以达到减重的目的，提高结构性能。当然，允许失稳并不意味着结构整体破坏，研究表明，工程中常用的加筋板在弹性失稳（临界屈曲）后不仅能继续承载，而且破坏载荷有可能远大于临界屈曲载荷。如何让加筋板发挥其最大承载能力，成为设计人员亟需解决的一道难题。

要解决面临的这一难题，就必须研究复材加筋板在后屈曲阶段的极限承载能力，这就涉及两个关键问题，一是在工程背景下对于实际工况准确计算出其失稳载荷，因为一旦失稳就应采用大挠度非线性屈曲理论做进一步的计算；二是在后屈曲阶段，要得到适合工程应用的并且能准确反映其破坏机理的破坏准则，然后才能计算其极限承载能力。这两个问题目前还没有得到很好的解决，再加上复材加筋板破坏模式复杂多样，包括纤维断裂、基体开裂、剪脱失效、分层破坏、筋条与壁板间界面脱粘等都会导致破坏，而这几种破坏模式又是互相耦合的。这些问题的存在导致目前结构后屈曲阶段的计算结果精度一直都不够理想。

综上所述，对复合材料加筋板的屈曲、后屈曲力学性能展开研究，可以实现降低结构自重、提高结构强度的目标。这一研究工作的影响并不仅仅涉及结构的力学性能范畴，还关系到国民经济建设、环保和全球可持续发展战略目标的实现，具有重大的现实意义。因此，各国研究机构和学者专家都开展了对复合材料加筋层合板结构——这一高效承载结构的研究。本书所研究的复合材料折线形加筋板结构是取自某型无人机中央翼盒上壁板的典型件，对其屈曲、后屈曲性能的研究对于提高飞机安全性、降低结构重量、提高燃油利用率、延长巡航时间等方面都有着重要的指导意义。

1.2　研究现状

目前对于复合材料加筋板后屈曲承载能力的分析，主要采用纯实验、纯理论分析以及试验验证和理论分析相互结合的方法。理论分析包括有限元软件分析、工程近似方法和解析方法分析。在理论分析的后屈曲分析阶段往往涉及采用怎样的破坏准则，才能模拟出结构的失效演化过程。在此，本书将从复合材料屈曲理论研究、试验研究、破坏准则和设计方法四方面的研究现状进行论述。

1.2.1 复合材料加筋结构屈曲理论研究进展

复合材料加筋结构的屈曲理论研究方法主要有解析法、结合经验的工程简化计算法和数值法。其中，解析法计算结果精确且求解速度快，但是适用条件比较苛刻，只能求解特定载荷边界条件下的一些问题，当系统本身结构几何形式、边界条件或外载比较复杂时，往往求不出解析解；工程简化算法对问题本身进行了简化，同时引入一些假设条件对问题进行理想化处理，有时含有一些的经验系数，其计算结果精确度较低，往往只能用于初步设计阶段或者对结构预研方案的评估；数值方法虽然计算步骤多而复杂，且存在收敛性方面的问题，但是随着计算机技术的迅速发展，使得这一方法被越来越多的工程技术和科研人员所采用。数值法包括里兹法、有限差分法、有限单元法等，其中有限单元法（简称有限元法）应用范围最广。原因是有限元法可以模拟各种复杂的边界条件和载荷分布情况，而这样的载荷和边界条件采用解析法是无法求解的，并且有限元法目前已经开发出了各种通用和专业的计算软件，使用方便，但有限元法也存在对非线性问题计算时间长、收敛困难的缺点，这些都有待进一步改进。

屈曲问题属于高度非线性问题，从理论上说，采用有限元方法求解此类问题时，最后都将转化为对非线性代数方程组的求解。目前工程上采用较多的求解方法是载荷增量法与 Newton-Raphson 迭代法[10] 相结合的混合计算法。通过这种方法求解的许多非线性问题都能得到满意的结果，还能得到结构稳态情况下的非线性平衡路径。这种方法存在的主要缺点是：当接近载荷-位移曲线的极值点时，该点切线的斜率将趋于零，出现求解困难。

Riks[11] 和 Wempner[12] 在 20 世纪 70 年代初提出了弧长法，后又经过 Crisfield[13] 和 Romm[14] 等人的进一步改进，这种方法可以对结构载荷-位移整个过程的路径进行跟踪，是现在主要采用的方法，不但可以求解出结构的极限承载力，而且可以了解结构从初始状态开始，载荷不断增加直至破坏的变形全过程。这是工程中普遍采用的方法。等弧长法是弧长法的一种，属于混合法的改进[15]，主要差别是在迭代过程中载荷值是可以变化的，其变化通过一个参数来控制，这个参数不是纯载荷的也不是纯位移的，这样可以处理在载荷极值点和位移极值点附近可能出现的奇异性的问题。

朱菊芬、杨海平和汪海[16] 针对复合材料加筋板结构提出了一种渐进损伤模型来求解极限载荷。该模型考虑了结构的几何非线性和材料非线性及两者的相互耦合作用影响。将平面蔡希尔（Tsai-Hill）失效判据和相应的修正退化刚度准则应用于局部失效分析，并结合弧长法对整体结构的非线性行为进行分析，在此基础上设计出了相应的程序系统，这一系统包括分析计算、前处理和后处理三个模块，可以显示出各层的损伤和应力、应变等情况，并可以对结构的极限承载力进行预测[16]。

到 21 世纪初，随着需求的不断增加，凭借有限元这一现代有效分析工具，国际、国内对复合材料层合板的力学性能研究取得了丰富成果。Jeff W. H. Yap[17]对含有初始分层缺陷的复合材料加筋板结构的极限承载力展开研究，指出结构的分层损伤在结构总体失稳之前或之后都可能出现，而筋条脱粘损伤只在总体失稳之后发生。Ambur 等人[18]考虑了几何初始缺陷，利用有限元软件结合试验验证的方式对复合材料增强板受剪应力情况进行了分析，在裂纹形成和裂纹扩展方面取得了大量成果。朱菊芬和牛海英[19,20]等对复合材料层合板单个分层损伤和多个分层损伤的后屈曲行为进行了研究，基于 Mindlin 假定下的大变形板/壳理论，采用虚拟杆单元和参考面单元相结合的非线性有限元方法，提出了对包含多个分层损伤的层合板进行极限承载力预测的分析模型，并给出了非线性屈曲方程在考虑接触后的迭代方法，从而研究单分层和多分层层合板考虑层间接触效应时的后屈曲性能。针对多分层损伤的情况着重讨论了分层的尺寸、数目和深度对层合板后屈曲性态的影响；而对于单分层损伤则着重讨论了分层尺寸、分层深度和铺层次序对层合板后屈曲性能的影响。

最近几年，Orifici 和 Thomson[21,22]等人提出整体-局部（global-local）的建模方法，将二维单元有限元法与三维单元有限元法相结合，首先采用层内损伤准则，以二维壳单元对层内的损伤退化行为进行整体分析，然后引入层间分层准则，研究区域主要在反节点线和节点线部位，以前面计算出的位移历程为边界条件，同时采用体单元建模计算。通过整体-局部法分析轴向压缩载荷下复合材料加筋板的破坏过程，能模拟这种结构筋条与腹板之间的脱粘行为并计算出极限承载力，大大提高了计算效率。Bertolini 等人[23~25]对前人采用的整体-局部法进行了改进，即对整体和局部模型均采用三维壳单元进行分析，不同之处是对局部模型进行了网格加密，此外对界面的破坏采用内聚单元模拟，分析效率和精度都得到了进一步提高。Chiara Bisagni[26]研究了完好及含制造缺陷和温度残余应变产生的初始缺陷的单筋条加筋板的后屈曲行为，填补了单根试样和整体结构件力学行为之间关系的空缺。Petersen[27]提出了一种横截面变化的筋条，它可以适应局部的蒙皮屈曲载荷的变化，从而在不降低承载力的情况下，减轻了结构重量。

国内复合材料加筋结构屈曲的有限元计算分析近年来取得了较大进展。矫桂琼和陈桂娟等人[28,29]引入大挠度理论，针对复合材料层合板和圆柱壳通过最小势能原理建立起稳定性非线性控制方程；采用载荷增量法和延拓牛顿法相结合求解非线性方程组，编制了计算程序；分别得出完善和有初始缺陷复材板的后屈曲载荷-位移曲线，并讨论了筋条数目等参数对加筋板屈曲载荷的影响。孙为民和童明波等人[30,31]先对民用飞机机身试件建立有限元模型，然后预测了该结构的后屈曲承载能力，在此基础上分析了结构承载力对壁板尺寸的敏感度。刘从玉、许希武和林智育等人[32~35]对复合材料加筋板的失效过程进行了研究，所加载荷除轴压载荷外还包括剪切载荷和压剪组合载荷，结果表明，增加筋条高度、厚度和密度能够在一定范围内显著提高加筋板的屈曲载荷与极限载荷，铺层方式和界面强度对极限强度有重要影响，并且引起加筋板破坏的诸因素中界面脱粘是不容忽视的重要因素之一。孔斌和陈普会等人[36~39]对轴压载荷作用下的复合材料整体加筋板的后屈曲传载机理、失效评估方法及失效表征进行了研究，模拟了后屈曲演化过程，分析了屈曲阶段内力分布和传载特性，得到了节点线和反节点线的合力与合力矩分布规律；提出采用整体-局部方法分析加筋板的失效行为是一种高效的方法，并且具有工程应用价值；此外，他们还对筋条与蒙皮的合理厚度比和刚度比提出了设计建议。王富生等人[40]分析了不同加筋方式对具有大开口的复合材料加筋板屈曲性能的影响。王菲菲和崔德刚[41]提出了一种计算复合材料加筋板结构极限承载能力的工程简化方法，该方法可以解决在计算后屈曲极限载荷时由非线性带来的计算难度和时间消耗过大的问题，并能保证很高的精度。

在复合材料加筋结构的脱粘失效机理研究领域，Dugdale[44]和Barenblatt[45]基于Cohesive Zone理论提出了界面单元法，这种方法以断裂力学为理论基础应用强度准则，可以模拟沿界面出现的裂纹从萌生逐渐扩展到界面失效的过程[32]。Benzeggagh[46]将虚拟裂纹闭合技术（Visual Crack Closure Technique，VCCT）和断裂力学的能量方法相结合，对复合材料分层损伤以及筋条和壁板的脱粘展开分析。Bertolini等人[47]研究了复合材料加筋板在破坏阶段不同部位处的能量释放率，通过采用虚拟裂纹闭合技术分析发现不同部位裂纹的类型不同，如筋条自由端裂纹为Ⅰ型裂纹，筋条与蒙皮内角处为Ⅱ型裂纹。Krueger等人[48~51]也运用了VCCT，并提出了Shell/3D单元建模方法，对加筋板受压时胶层破坏情况进行了模拟，预测结果与试验结果吻合很好。Raju[52]针对复合材料加筋板壁板与筋条之间界面裂纹的应变能释放率不易获得的问题，提出了一种计算应变能释放率的方法。Orifici[53]在有限元模拟中引入断裂力学原理和基于最大应力的胶层失效准则，对复合材料加筋机身壁板进行了后屈曲研究。高晶晶等人[54]通过对复合材料加筋板进行轴向压缩实验和非线性有限元模拟，研究了其后屈曲阶段的力学行为，得出胶结界面强度对复合材料加筋板的后屈曲性能有重要影响的结论，蒙皮和筋条之间刚度的合理分配问题应该是进行结构屈曲和后屈曲设计时重点考虑的问题。常园园等人[55]对具有初始脱粘损伤的复合材料加筋板建立了渐进损伤有限元分析模型，经过分析得出结论：考虑脱粘损伤的有限元模型能有效模拟这种结构的破坏过程；在加筋板铺层设计合理的情况下，增加筋条与壁板刚度比能有效提高这种结构截面单位面积的承载能力。

1.2.2 复合材料加筋结构稳定性试验研究进展

由于复合材料加筋结构的屈曲行为采用数值模拟时，往往对各种工程实际情况考虑不足，而且复材本身的强度值具有离散性较大的特点，所以通过试验确定其强度值是非常必要的；同时采用数值方法模拟计算的结果也需要与试验结果进行对比，从而对数值方法进行评定。目前较多采用的方法是试验与数值分析相结合的方法，即首先对部分数值分析结果进行试验验证，然后对数值方法进行改进，最后用改进的数值分析方法进行计算分析。复合材料加筋结构稳定性国内外的试验研究主要进展如下：

国内复合材料试验技术的发展大致可以分为三个阶段[56]：（1）1974 年之前，由于起步较晚，复合材料的测试技术都参照了美国的相关标准，没有自己的测试标准；（2）1974~1980 年，已培养出了一定数量的富有经验的技术人员，并在一些大学陆续开设了复合材料专业，颁布了有关复合材料性能测试的方法和标准；（3）从 1980 年到现在形成了成熟的复合材料试验体系，并在有些方面接近世界先进水平。

卢智先和矫桂琼等人[57]对具有分层损伤的复合材料层合板面内压缩力学行为进行了实验研究，在试验结果的基础上，分析讨论了分层损伤对复合材料层合板抗压强度和屈曲强度的影响；给出了两种用于描述抗压强度与分层损伤的经验公式。结果表明，分层缺陷大小对复合材料层合板的压缩弹性模量影响并不显著，然而，分层损伤对复合材料层合板抗压强度和屈曲强度影响是显著的。

叶强[58]和陈普会对筋条为 I 型的复合材料加筋板在轴压载荷作用下的后屈曲力学性能展开了试验研究，提出了六点弯曲试验法，该方法可用于表征后屈曲诱发的复合材料整体加筋板界面失效，还能够真实地模拟加筋板在后屈曲阶段典型失效位置的局部变形情况，这里的失效位置包括节点线与反节点线位置处。

杨帆等人[59]对轴压载荷下铝合金加筋壁板的传载机制、极限载荷、屈曲破坏过程展开了试验研究，得到了载荷–位移曲线、应力应变值以及极限载荷值，并分析了后屈曲破坏形态。试验结果显示，加筋板的初始屈曲通常发生在蒙皮部位，在后屈曲阶段筋条成为主要的承载部件，加筋板最终在筋条与蒙皮连接处破坏，这些结果对复合材料加筋板的研究具有重要的参考意义。

张永久和耿小亮等人[60]对复合材料帽型加筋板的压缩稳定性进行了试验研究。试验结果表明，在加筋壁板失稳前，基体、纤维、筋条和壁板之间的胶层界面均未产生明显损伤；加筋板的失稳屈曲会导致损伤演化加快，壁板近表面损伤比内部更严重，由于出现胶层界面脱粘损伤降低了壁板的极限承载能力。

在国外，20 世纪 70 年代，Williams 和 Miculas[61]对复合材料加筋板受压的承载效率进行了研究，分别对复合材料和金属铝帽形加筋板进行了压缩试验，得出达到相同的承载力复合材料加筋板比铝加筋板重量可减少 32%~42%的结论。

Kong 等学者[9]对碳纤维环氧层合加筋板的后屈曲行为进行了实验研究，这种加筋板采用了一种筋条与加筋板整体连接方式。采用影栅云纹技术（Shadow

Moire Technique）测量加筋板面外的变形，并采用压电薄膜传感器（Piezoelectric Film Sensor）监测加筋板的失效行为，发现大多数试验件在达到极限载荷后并没有出现显著的界面分层现象。

Kutlu 和 Chang[62]对含初始分层缺陷的复合材料层合板在轴向压缩载荷作用下的屈曲性能展开实验研究。其中，复合材料 T300/976 的分层缺陷包括单个或多个沿横向的贯通型缺陷，层合板包括平板和圆柱面板。并用应变计记录试验加载过程中应变随时间的变化，绘制了出应力应变曲线图。

Falzon 和 Steven[63]采用实验方法研究了轴向载荷作用下的帽型筋条的复合材料加筋板。采用影栅云纹技术测量板的面外变形，在试验中观察到在板的蒙皮部分出现了模态转变，而这一现象在数值模拟中没有出现。

Perret 等人[64]通过试验研究了复合材料机身壁板典型件的后屈曲性能。此试验件通过液体树脂浸渍成型（Liquid Resin Infusion），在试验中采用一对三维图像记录仪（Stereo Digital Image Correlation）对加筋板加筋侧和非加筋侧在试验中平面外的变形情况进行测量。并采用无损技术对破坏后的加筋板进行了分析研究。无损检测技术包括 X 射线计算机断层扫描（X-ray Computed Tomography）和超声波探伤法（Ultrasonic Testing）。这些实验装置的采用进一步提高了实验结果的精度。

Bertolini 等人[23]研究了运用于机身的帽型筋条加筋板的承载能力，认为筋条与蒙皮之间胶层的开裂会对承载能力产生重要影响。基于此对胶层的起裂位置展开试验研究，分别对整体加筋板和加筋板局部进行了三点弯和四点弯试验，通过四点弯试验还得出加载点位置对胶层开裂位置有一定影响的结论。

Orifici 等人[65]对 T 形筋条加筋板的损伤演化和破坏行为进行了试验研究，试验件包括有预损伤的加筋板和完好的加筋板。通过在筋条和蒙皮界面上加入聚四氟乙烯带人工制造损伤，所得结论为研究出更好的数值模拟方法来预测加筋板破坏强度和深入了解加筋板界面胶层破坏机理与演化提供了有利的指导。

Lanzi[66]对加筋平板在轴向载荷作用下的承载能力进行了实验研究，包括屈曲和后屈曲阶段，在试验中考察了几何缺陷的影响，采用位移探针（Displacement Probe）测量加筋板平面外位移，精度达到 0.001mm，数值模拟采用该测量值计算所得的极限载荷与试验值误差不大于 3.1%，证明试件的初始缺陷与后屈曲阶段的极限载荷有很强的相关性，而对前屈曲阶段的临界载荷影响较弱。

1.2.3 复合材料加筋板损伤模式及失效准则研究现状

在初始屈曲后复合材料整体加筋壁板仍具有很强的后屈曲承载能力，这一结论已经被众多试验证实[67~71]。然而，由于后屈曲所诱发的复合材料结构失效机理复杂，目前尚缺乏较可靠的强度预测手段，因此，在设计时一般不允许复合材料整体加筋壁板在正常使用载荷下发生屈曲，这样就限制了复合材料所具有的在减重和提高结构效率方面的潜能。因此，清楚地认识后屈曲诱发的失效机理是建立复合材料加筋壁板后屈曲设计方法的前提条件。在此基础上才能建立合理的预测模型，并确定恰当的失效准则。国内外学者对此进行了大量的试验研究工作。

1.2.3.1　复合材料损伤模式

Froestig[72]、Caputo[73]、Orifici[53]等人对复合材料加筋板结构进行了试验研究和数值分析，在加筋板后屈曲破坏试验中发现造成结构最终破坏的往往是结构内部纤维断裂，在发生纤维断裂时常常伴随着响声，试验证明纤维断裂是纤维增强复合材料的主要损伤模式之一。

叶强[58]和陈普会认为复合材料结构由于制造和加工方面的原因，其内部往往存在不同程度的初始裂纹，并且基体裂纹的萌生和扩展与载荷形式、铺层、结构原有缺陷等因素有关。此外，在复合材料结构发生屈曲后，会出现局部弯曲变形，这将产生拉伸应变，当应变足够大时就可能会导致基体开裂。虽然受压缩载荷作用的结构，基体裂纹的存在并不是造成结构破坏的主要因素，但是由于基体裂纹的存在却容易形成层间分层，从而显著降低结构的整体刚度，因此基体开裂这种失效模式也不容忽视。

Starnes、Knight等人[67,74]对复合材料加筋壁板结构的后屈曲力学性能开展了试验研究，试验结果表明，在破坏阶段曲板加筋结构和平板加筋结构在蒙皮和筋条相连接的界面（连接方式包括共固化、二次胶结、共胶结）都出现了界面脱粘现象。Hachenberg和Kossira[75]，Stevens、Ricci和Davies[76]也在复合材料加筋板后屈曲试验中发现结构的最终破坏与界面脱粘有密切关系。因此为准确地预测加筋壁板后屈曲承载能力必须首先对界面剥离的失效机理和演化过程展开研究。

Chang和Kutlu[77]、Nilsson[78]、Greenhalgh[79]进行了复合材料加筋板的轴压试验，试验表明，轴压载荷作用下的层合板若内部出现层间分层将导致结构提前屈曲。原因是层间分层的出现破坏了结构的整体性，使结构的屈曲承载力下降。Gaudenzi、Perugini和Riccio[80]，Tafreshi[81]，Wang和Qiao[82]通过试验发现结构屈曲后层间损伤的面积会进一步扩大。因此，层间分层损伤是影响层合板屈曲性能和承载能力的重要因素。

Bisagni和Walters[83]通过试验研究了复合材料的失效模式和失效演化过程，研究结果有助于采用数值模拟方法建立合理的损伤模型并对复材结构的极限强度进行合理的预测。

1.2.3.2 复合材料失效准则

复合材料目前常用的失效准则可以分为两类：强度准则和能量释放率准则。

A 强度准则

目前最常用的表征损伤模式的萌生及扩展最有效的是强度准则，为了表征应力状态与失效模式之间的相互关系，对复材结构的承载能力进行有效预测，通过学者和工程技术人员的努力，目前已经出现了 20 多种的强度失效准则[84~86]，随着复合材料技术的不断发展，新的强度失效准则还在不断出现。其中应用最广泛的失效准则包括以下几种：

（1）最大应力失效准则和最大应变失效准则。最大应力失效准则的内容是：任意应力状态下的复合材料单层板的主方向的三个应力分量（平行于纤维方向的应力、板平面内垂直于纤维方向的应力、板平面内纵横剪切应力）中，当其中的任何一个达到相应方向的强度指标时，就认为此单层材料失效。该准则将破坏模式归咎于直接对应的应力形式，而忽略了不同应力之间的耦合作用。最大应变准则与最大应力准则形式上很相似，只是将应力改为应变来描述失效准则，这样就考虑了另一材料主方向材料性能的影响，称为泊松耦合效应[87]。由于形式简单、使用方便，故这两个准则应用最为广泛[88]。

（2）Tsai-Hill 失效准则。Tsai-Hill 失效准则是将原针对各项同性金属材料的冯·米塞斯屈服失效准则在正交各向异性复合材料中的扩展应用。该准则认为复合材料单层板的破坏与材料主方向的三个应力分量及对应的材料强度有关，同时还考虑了应力之间的耦合。主要缺点是只能应用于拉压强度基本相同的复合材料。

（3）Hashin 失效准则。Hashin[89,90]将复合材料单层板的失效模式分为 4 种类型，包括：纤维拉伸、纤维压缩损伤、基体拉伸、基体压缩损伤，每种类型的失效模式对应一种判据，同时也考虑了应力之间的相互作用。将该准则与单元刚度退化准则结合可以对层合板的损伤演化过程进行模拟，对于复合材料层合板的有限元分析[85]尤其适用，与 Tsai-Hill 失效准则和最大应力、应变失效准则相比具有明显的优势，因此在目前复合材料的数值仿真中广泛采用。

（4）Puck 失效准则。Puck[91]准则作为先进的纤维间失效（Inter Fiber Fracture，IFF）分析技术被广泛接受并使用。国外许多指导方针都参照 Puck 准则，包括玻璃钢部件研发 VDI2014，Part［VDI2006］、德国船级社风机认证指导［Germanische Lloyd 2003］[92]等。Puck 准则分为纵向拉伸和纵向压缩两种损伤模式，同时考虑了泊松耦合效应，针对纤维间损伤，提出了纤维间作用面强度准则，对纤维的破坏提出了纤维断裂、微观屈曲和剪切失稳 3 种模式。显然，Puck 准则比 Hashin 准则更接近复合材料层合板的实际受力情况，但是该强度准则中采用了较多的材料参数，这些参数需要针对特定材料体系进行合理的试验方能获得，导致 Puck 准则的参数获取过程过于复杂，因此实际应用较少。

B 能量释放率准则

目前，复合材料层合结构的界面失效和层间失效分析主要采用能量释放率准则。该准则基于经典断裂力学理论，认为结构开始损伤扩展的条件是能量释放率到达某一临界值，此临界值称为断裂韧性。能量释放率由纯拉伸型能量释放率（G_I）、纵向剪切型能量释放率（G_{II}）及横向剪切型能量释放率（G_{III}）三部分组成。

针对复合材料结构的分层损伤，许多学者采用在能量释放率准则基础上形成的损伤扩展分析方法。Yap 等人[93]采用有限元法预测复合材料加筋板的后屈曲失效行为所诱发的层间分层扩展过程时，应用 Williams[94] 提出的能量释放率准则，

有限元预测结果与试验结果吻合较好。Borg、Nilsson 和 Simonsson[95]采用有限元方法模拟复合材料层合板层间分层的方法是：在可能引起分层的范围内把结构划分为两部分，接触区域使用 Tie（绑定）连接，对绑定节点间的相对位移关系采用能量释放率控制，试验结果与预测结果是一致的。

当使用能量准则模拟含分层损伤的复合材料层合板失效模式的扩展时，常常采用虚拟裂纹闭合技术来求解能量释放率。Whitcomb 等人[96~99]将虚拟裂纹闭合原理与非线性有限元法相结合，对含有初始分层缺陷的复合材料层合板屈曲及后屈曲性能展开分析，对分层的扩展采用能量释放率准则来控制。Klug 等人[100]同样采用虚拟裂纹闭合技术与有限元法相结合来分析结构的后屈曲行为，所不同的是采用了 Mindlin 平板有限单元。

张永久等人[60]针对复合材料层合板损伤的萌生和扩展过程，采用纤维和基体断裂能量耗散值来判断，当 $\delta_{eq} \geq \delta_{eq}^0$ 时，由于纤维拉压、基体拉压导致的某一种损伤就开始发生，当任一损伤变量 d 满足式（1-1）时，材料完全破坏。采用这种模拟方法，与试验结果存在较好的一致性。

$$d = \frac{\delta_{eq}^f(\delta_{eq} - \delta_{eq}^0)}{\delta_{eq}(\delta_{eq}^f - \delta_{eq}^0)} \geq 1 \qquad (1-1)$$

式中 δ_{eq}^0 ——结构的初始损伤等效位移值，由位移和弹性模量确定；

δ_{eq}^f ——结构在失效后所产生的等效位移值，该值由结构失效时总的能量耗散值决定，包括基体断裂能量耗散值和纤维断裂能量耗散值；

δ_{eq} ——模型加载过程中所产生位移的等效值。

但是由于限于试验条件能量耗散值的测定较为困难，而对于复合材料的强度值和变形值测定相对容易，因此本书采用了 Hashin 失效准则与刚度退化方案相结合模拟轴压复合材料层合加筋板的损伤萌生、演化、最终破坏的整个过程。

1.2.4　复合材料加筋板设计方法研究现状

敏感性分析和优化设计是现代产品设计中设计人员所采用的主要方法，也是科研技术人员研究分析的重要工具。

Gu[101,102]指出采用直接微分法可以精确计算出有限元响应对模型参数的敏感性，针对梯度优化类问题的求解，提出有限元响应敏感性分析一个重要工具，梯度还可用于系统识别、结构优化、可靠性分析和数值模型的更新。同时，敏感性分析对于识别各系统参数和载荷参数对系统响应的影响有重要作用，当敏感性量化为灵敏度指标后可依据影响程度对重要性进行排序。

Kleiber[103]认为敏感性分析主要研究系统的基本参数与系统响应值之间的关系，解决了非线性系统中一系列与大变形相关的问题，如塑性和黏塑性、屈曲和后屈曲、非线性瞬态热交换问题和非线性动力问题等敏感性问题，并指出可以应用于敏感性分析的方法，包括摄动法、有限差分法、伴随法和直接微分法。

Kala[104]采用敏感性分析方法研究了初始缺陷对受压构件敏感性的影响，论述了 Sobol 敏感性分析的重要的特性和优点，还针对敏感性指标采用蒙特卡洛法进行了补充计算。通过数值计算表明，该钢压杆的承载能力对几何缺陷非常敏感。

岳珠峰等人[105]采用马尔可夫链模拟的可靠性灵敏度分析的半解析法，开展了复合材料机械连接可靠性灵敏度分析研究，首先采用退火准则和马尔可夫链模拟，将落入失效域中的样本点转化为条件样本点，然后利用这些样本点替代蒙特卡洛法抽取的样本点，最后利用一次二阶矩可靠性参数灵敏度分析方法得到可靠性灵敏度。

郝鹏等人[106]对加筋圆柱壳结构的敏感性进行了研究，通过预制不同幅度的内凹、外凸双曲母线的加筋圆柱壳，分析轴压临界载荷对初始缺陷的敏感性。结果表明外凸比内凹双曲母线对轴压临界载荷的提高幅度更大，且对缺陷敏感性低。因此可通过控制外凸形状来降低结构的缺陷敏感性。

丁玲[107]开展了全复合材料无人机机翼结构优化设计，由于机翼结构由众多复杂的结构部件组成，导致机翼优化的设计变量众多，并且有些设计变量之间存在耦合关系。为了实现提高优化效率的目标，采用灵敏度分析方法对机翼主要结构部件展开分析，提取出对结构性能影响显著的设计变量，以此展开优化，降低了计算量。

张志峰[108]针对复合材料格栅加筋结构的特点，提出了一种混合遗传算法。该算法将单纯形法与改进遗传算法相结合，可以较快地得到全局最优解。此外，采用敏感性分析方法选取对优化结果影响较大的设计变量，以此展开鲁棒优化设计，结果表明传统确定性优化结果与鲁棒优化设计结果差别较大，可见鲁棒设计是必须考虑的。

李洋[109]以加筋圆柱壳轴压承载力最大为设计目标,以筋条截面尺寸和蒙皮厚度以及环向筋条、纵向筋条数目为设计变量,在体积保持不变的条件下,建立优化设计模型。采用 ANSYS APDL 与 ISIGHT 联合运算,得到加筋板在多种载荷作用下的筋条最优布置方案。

周磊[110]针对大展弦比复合材料机翼气动弹性开展了综合优化设计研究,选用设计变量为蒙皮铺层厚度,限制条件为强度、应变约束与多种气动弹性约束,分别从铺层非均衡和铺层比例两方面对复合材料层合板铺层参数的影响展开了分析。

赵群[111]为实现对复合材料加筋板中筋条布局与尺寸的初步优化,建立了以压缩、弯曲刚度系数为设计变量并能反映结构效率的一种代理模型。该模型评价结构承载效率采用全局失稳载荷、局部失稳载荷与静载荷的接近程度,这样可以避免局部最优点,提高了搜索效率。此外还讨论了压缩刚度与弯曲刚度的不同组合方案对于复合材料加筋板临界屈曲载荷的影响。

王小涛[112]对复合材料层合板中央翼结构进行了优化设计。优化目标为结构重量最轻。约束条件包括:拉压应变约束、剪切应变约束、线性临界失稳约束、铺层比例约束。设计变量为每种铺层角的总厚度和筋条的截面尺寸。采用 MSC. Nastran 进行优化设计,然后对设计的初步结果进行圆整,在此基础上,根据复合材料铺层顺序的工程设计准则重新进行铺层顺序设计。经验证优化设计结果是合理的。

1.3　本书主要研究工作

加筋板是飞机结构中常用的典型结构件,其屈曲和后屈曲行为是中外学者研究的热点,但是对于折线形加筋板,国内外目前研究较少,其屈曲和后屈曲性能是否与直线形加筋板相同值得展开进一步研究。本书采用数值模拟与试验相结合的方法,针对取自无人机机翼上壁板的复合材料折线形加筋板的轴压性能展开研究。选择了合理的有限元数值模拟方法,对承载能力进行了预测,对结构损伤演化进行了模拟并进行了试验验证。在此基础上,开展了结构参数的敏感性和结构的综合优化设计研究工作。本书主要工作体现在以下几个方面:

(1)针对本书的加筋板模型,通过分析、计算和对比,选择了合理的屈曲、后屈曲有限元分析理论。理论主要包括:1)对于特征值屈曲临界载荷问题的求解采用线弹性摄动法,对于后屈曲阶段极限载荷的求解采用非线性屈曲分析 Riks 方法求解;2)对非线性的弹塑性铝合金材料采用了切线模量理论,对非线性的复合材料选用了刚度退化理论;3)采用 Hashin 失效准则与刚度退化理论相结合,对复合材料层合板常出现的纤维拉伸、纤维压缩、基体拉伸、基体压缩以及纤基剪切破坏形式进行判定并模拟损伤的演化过程。此外，通过编制 ABAQUA 用户子程序实现材料刚度退化模拟；在保证精度的前提下，提出在加筋板达到极限载荷前筋条与蒙皮的连接界面不会出现脱粘的假定，简化了模型，提高了计算效率。

（2）针对本书采用的复合材料加筋层合板的屈曲、后屈曲有限元理论通过 4 个算例进行了验证。前两个算例分别对单根筋条和可作为机身常用结构的圆柱壳的屈曲、后屈曲行为进行了解析解和有限元解的验证；后两个算例分别对复合材料 T 形加筋壁板和复合材料帽形加筋板的屈曲、后屈曲行为进行了有限元解与试验结果的验证。4 个算例的选取由局部到整体，即先筋条、壁板然后加筋板整体。验证结果说明本书选择的理论是普遍适用的，具有较高的可靠性。

（3）采用经验证的屈曲、后屈曲有限元理论开展对复合材料折线形加筋板的数值分析。得到了屈曲临界载荷、极限载荷以及反映结构损伤扩展历程的载荷位移曲线，并进行了试验研究，介绍了试验方案，包括加载设备、夹具、安装、试验过程等，然后对试验结果进行了分析，最后在分析结果的基础上对有限元分析数值结果进行了验证。

（4）开展敏感性分析确定结构的初始缺陷大小对轴压承载力的影响程度，其结果可以对构件的设计和制造在不显著影响结构承载能力的前提下提出合理的允许误差值的建议。在分析参数扰动影响时本书采用 Python 命令流调用 ABAQUS 求解器计算，输出计算结果，得到初始几何缺陷值–承载力曲线。同时结合第 4、5 章的分析结果对有限元数值计算时初始偏移值取值进行了研究。

（5）针对复合材料折线形加筋板屈曲、后屈曲优化问题展开研究，对复合材料壁板稳定性优化过程中的多变量、多约束、多峰值问题提出了合理的优化方法。分别对加筋板筋条、壁板的铺层厚度、铺层顺序、筋条数量以及连接部件材料展开优化设计。将加筋板优化后模型的屈曲、后屈曲性能与原模型进行了比较，达到了减轻结构重量的目标。

2 结构的屈曲和后屈曲基本理论

2.1 引言

一般的结构设计，对于薄壁结构，认为受压承载能力的最大值为屈曲载荷值。这一认识对于多数薄壁结构有可能是正确的，但是对于某些结构，例如轴压薄板或壳，当采用四边支撑时，在发生屈曲失稳后承载能力并不会显著降低，载荷仍可以继续增加，其极限承载力远远大于屈曲临界载荷；而还有些结构，例如受静水外压的管道、轴向受压圆柱壳等，则出现相反的情况，其实际承载力又比屈曲临界载荷小很多。以上现象的产生，关键在于体系后屈曲平衡状态的稳定是不确定的[113]。这就有必要对结构的屈曲、后屈曲性能展开深入研究。结构的屈曲、后屈曲分析理论有多种，为了选择出适合本书模型的研究理论，本章先对结构屈曲、后屈曲的基本理论进行了回顾，对常用的分析方法和理论进行了比较，在此基础上选用了合理的分析方法，此外，提出了缺陷敏感结构和缺陷非敏感结构的合理定义。

2.1.1 屈曲和后屈曲基本概念

当结构作用的载荷达到某一值时，若增加一微小的增量，则结构的平衡位形（configuration）将发生很大的改变，这种情况叫做结构失稳或屈曲，相应的载荷称为屈曲载荷或临界载荷，相应的状态称为临界状态，超过临界状态之后的平衡状态称为后屈曲平衡状态[113]。屈曲是结构常见的破坏形式之一，尤其是对于一些长、薄结构，具备这样性质的复合材料加筋层合结构广泛应用在航空、航天、航海、军工等高科技领域中。飞机机翼、尾翼上的翼面壁板、梁腹板和机身上的蒙皮、隔框等常采用薄壁层压结构和蜂窝夹层结构，这些结构都具有共同的特征，即一个方向的尺寸大大小于另外两个方向的尺寸，可以简化为板壳结构，当这种结构受到压缩、弯曲和剪切等外载荷单独或者联合作用时，屈曲失稳是最常见的失效模式之一[114]。

当有外力作用在结构上时，可能出现的平衡状态可以分为三种基本类型：稳定的平衡状态、随遇平衡状态和不稳定的平衡状态。随遇平衡状态是指从稳定平衡状态向不稳定平衡状态过渡的中间状态。失稳的本质是几何突变，即在某一微小的外力干扰下物体或结构的几何尺寸发生极大的改变。线性屈曲理论基于小位移、线弹性的假设，忽略几何初始缺陷和结构受载后的变形对平衡状态的影响，对刚度较大的杆、板壳是适用的。因此，经典线性屈曲理论长期以来一直应用于工程上对大多数结构的稳定性分析，但是常常发现采用这种理论所计算的结果往往与试验结果差别很大，这使得更多的学者和科研机构对结构屈曲问题展开更深入的研究。

20 世纪 70 年代，从 M. K. Prabhakara 和 C. Y. Chia[115] 等人提出后屈曲行为开始，对结构后屈曲的研究逐渐成为固体力学的一大热点。近些年来，采用几何非线性理论分析屈曲及后屈曲问题，为大多数人所接受，随着这一理论的快速发展对结构的屈曲行为有了更加准确和更接近实际情况的认识。图 2-1 给出了任意矩形板的线性和非线性屈曲示意图，图中横坐标 u 为轴向位移，纵坐标 P 为轴向压缩载荷。根据线性屈曲理论得出的平衡路径是 oa_1e_1，a_1 为初始屈曲点，其对应的屈曲临界载荷为 P_{cr1}。在实际工程中，达到 P_{cr1} 值之后，上述由线性理论得出的随遇平衡路径 a_1e_1 是不存在的，结构很难做到无任何初始缺陷，加载和结构的本身也存在偏心，平板一旦加载就会出现弯曲变形，因此路径 oa_1e_1 不会出现，实际的载荷位移路径开始是沿着 oa_2 进行，然后进入 a_2b 段，在这一阶段，随着载荷的增加，位移的增加呈非线性，表现出明显的后屈曲强度，随着载荷的不断增大，结构将在 d 点附近发生极值型屈曲，这种屈曲形式不同于线性特征值屈曲，更接近结构的实际屈曲失稳形式，使结构从原来的稳态的平衡路径 a_2bcd 过渡为非稳态的平衡路径 de_3，达到结构的极限载荷值 P_U。在 d 点前还可能出现第二个分支屈曲点 c 点，其后发展路径可能沿路径 cd 发展，也可能沿路径 ce_2 发展，此后，结构还有可能发生三次分支屈曲，但是，这种情况较为少见，只有某些板结构在特定载荷作用下才会出现[116]。

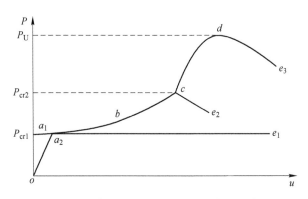

图 2-1　任意矩形板的线性和非线性屈曲

通过上述分析可知，对于薄壁结构而言，屈曲失稳破坏往往先于强度破坏。按照非线性屈曲理论所建立的平衡路径可以准确地把结构的强度、稳定性以及刚度的整个变化历程表示得十分清楚。通过分析受载结构的实际情况可知，结构的平衡状态是建立在发生变形后的结构上的，结构的变形是在一开始加载就存在的，因此采用非线性屈曲理论更接近实际情况。

2.1.2　缺陷敏感型结构和缺陷非敏感型结构

Degenhardt 等人[177]根据薄壁轻量结构在轴压载荷下发生屈曲破坏的情况分为缺陷敏感型结构和缺陷非敏感型结构，认为缺陷非敏感型结构主要指加筋的薄壁结构；缺陷敏感型结构主要指未加筋或虽然加筋但数量较少的薄壁结构。Degenhardt 所给出的定义只是基于外形特征的描述性的定义，并没有揭示出缺陷敏感型结构和缺陷非敏感型结构的本质区别。针对结构在屈曲后承载能力所呈现出的不同情况，以及为工程设计提供必要的参考，依据结构屈曲后载荷是否能够进一步增加，本书对缺陷敏感型结构和缺陷非敏感型结构给出了如下的定义和说明：

缺陷敏感型结构是指结构的极限载荷等于或小于在线弹性假设下计算得到的特征值屈曲载荷。这种结构包括的典型结构是未加筋的或加筋量与蒙皮量相比很小的板壳结构。这种结构的极限载荷高度依赖结构的初始缺陷。

缺陷非敏感型结构是指结构的极限载荷大于在线弹性假设下计算得到的特征值屈曲载荷。这种结构是筋条量与蒙皮量设计合理的板壳结构。这种结构载荷位移曲线的后屈曲阶段明显。初始缺陷对承载能力的影响较缺陷敏感型结构小很多。

从定义可以看出，缺陷敏感型结构与缺陷非敏感型结构无论是承载力还是载荷位移曲线差别很大，即使是加筋的壁板结构，如果筋条量与壁板量比例不当仍有可能出现缺陷敏感型结构。对于取自无人机机翼的加筋板结构，作为重要承力部件，其力学性能的稳定发挥关系到整个飞机的飞行安全。因此对加筋板结构应首先判断其缺陷敏感性是非常必要的。

2.2　屈曲和后屈曲的判别准则

对结构屈曲和后屈曲状态进行判别就是对结构的稳定性进行判别，判别结构是否处于稳定状态的常用判别准则包括动力学准则、静力学准则和能量准则三类准则。动力学准则是通过一组偏微分方程组来描述，这往往会导致数学求解上的困难；静力学准则依据在分支点附近存在的无限小的平衡状态列出微扰动平衡微分方程式，从而将问题转化为求解线性微分方程式的特征值，这一问题的求解往往要借助级数形式，计算量很大。因此，本书采用能量准则。

能量准则认为，某一系统的平衡位置恰好就是该系统总势能为最小的位置，即一力学系统保持稳定平衡状态的充分必要条件是总势能取极小值，称为最小势能原理。设此系统的最小势能为 $\mathit{\Pi}$，$\mathit{\Pi}$ 是位移变量 $v(x)$ 的泛函，记为

$$\mathit{\Pi} = \int_{x_0}^{x_1} F[v(x)]\mathrm{d}x \tag{2-1}$$

其中被积函数 F 是 v 的已知函数。式（2-1）可以简记为：$\mathit{\Pi} = \mathit{\Pi}(v)$。当一处于平衡状态的系统受到一个微小的干扰力作用时，该系统的弹性总势能将会产生一增量

$$\Delta\mathit{\Pi} = \mathit{\Pi}(v + \delta v) - \mathit{\Pi}(v) \tag{2-2}$$

将总势能变化按照 Taylor 级数展开

$$\Delta\mathit{\Pi} = \delta\mathit{\Pi} + \frac{1}{2!}\delta^2\mathit{\Pi} + \frac{1}{3!}\delta^3\mathit{\Pi} + \frac{1}{4!}\delta^4\mathit{\Pi} + \cdots \tag{2-3}$$

式中，$\delta\mathit{\Pi}$、$\delta^2\mathit{\Pi}$、$\delta^3\mathit{\Pi}$、$\delta^4\mathit{\Pi}$、$\cdots$分别是 $\mathit{\Pi}$ 的一阶、二阶、三阶、四阶、$\cdots$变分。

稳定性判别准则是：

当 $\mathit{\Pi}$ 有驻值时，即 $\delta\mathit{\Pi}=0$。

（1）当 $\delta^2\mathit{\Pi}>0$ 时，即 $\mathit{\Pi}$ 有极小值，结构的平衡是稳定的。

（2）当 $\delta^2\mathit{\Pi}<0$ 时，即 $\mathit{\Pi}$ 有极大值，结构的平衡是不稳定的。

（3）当 $\delta^2\mathit{\Pi}=0$ 时，需要进一步考察高阶变分：

1）若 $\delta^3\mathit{\Pi}\neq0$，结构的平衡是不稳定的。

2）若 $\delta^3\mathit{\Pi}=0$，需要进一步考察更高阶变分：

①$\delta^4\mathit{\Pi}>0$ 时，结构的平衡是稳定的；

②$\delta^4\mathit{\Pi}<0$ 时，结构的平衡是不稳定的。

……

以上准则中对于 $\delta^2\mathit{\Pi}\neq0$ 的情况是由 Trefftz[117] 提出的，$\delta^2\mathit{\Pi}=0$ 的情况是由 Koiter[118] 完成的。

采用以上的判别准则，能够实现对任意结构的屈曲及后屈曲状态进行判别，如图 2-1 中的 c 点，如果后续路径沿 ce_2 发展即 $\delta^2\mathit{\Pi}<0$，$\mathit{\Pi}$ 有极大值，结构的平衡是不稳定的；如果沿 cd 发展即 $\delta^2\mathit{\Pi}>0$，$\mathit{\Pi}$ 有极小值，结构的平衡是稳定的，即该结构在屈曲后强度还可以进一步提高。

2.3 屈曲、后屈曲的分析方法

屈曲、后屈曲的分析方法主要有变分法、伽辽金（Galerkin）法、摄动法和有限元法。对于变分法理论性较强，工程上应用较少，本节对伽辽金法、摄动法和有限元法进行了分析比较，得出比较适合本书模型分析计算的方法。

2.3.1 伽辽金法

设某一微分方程

$$L[u(x, y)] = 0 \qquad (2-4)$$

其中方程的解 $u(x, y)$ 是预求的某一结构的位移场函数，$u(x, y)$ 同时满足齐次边界条件。一般来讲，求出这样的微分方程的精确解是很困难的。现在设一个近似解

$$v(x, y) = \sum_{i=1}^{n} a_i \phi_i(x, y) \qquad (2-5)$$

式中　　a_i——待定系数；

$\phi_i(x, y)$——容许函数。

如果能满足 $L[v(x, y)] \equiv 0$，则 $v(x, y)$ 就是方程的准确解，即 $v(x, y) = u(x, y)$，为方便 $\phi_i(x, y)$ 取自一个线性无关的函数系 $\{\phi_i(x, y)\}$，可得

$$\iint_D L[v(x, y)] \phi_i(x, y) \mathrm{d}x\mathrm{d}y = 0 \qquad (2-6)$$

显然在求解式（2-5）中的 a_i 时，只能取有限个待定常数 a_1、a_2、$\cdots$、a_n，这样对于式（2-6）就只能满足有限个（n 个）正交性的条件，有限个正交性的条件记为

$$\iint_D L[v(x, y)] \phi_i(x, y) \mathrm{d}x\mathrm{d}y = \iint_D L[a_1 \phi_1(x, y) + a_2 \phi_2(x, y) + \cdots + a_j \phi_j(x, y)] \phi_i(x, y) = 0$$

即

$$\iint_D L\left[\sum_{j=1}^{n} a_j \phi_j(x, y)\right] \phi_i(x, y) \mathrm{d}x\mathrm{d}y = 0 \qquad (2-7)$$

$$(i, j = 1, 2, \cdots, n)$$

式（2-7）称为伽辽金方程组，待定系数 a_i 可以通过此方程组确定。在 L 是线性算子的情况下，此方程组就是线性方程组，求出 a_i 后，代回近似解（2-5）就可以得到要求的位移场函数 $v(x, y)$。

2.3.2　有限元法

有限元法是通过将结构体系离散化为有限个单元的方法来得到问题的近似解。由 2.2 节的能量准则可以得到总势能的一阶变分为

$$\delta II = \delta U - P^T \delta u = 0 \qquad (2-8)$$

式中　　P——节点载荷；

u——节点位移。

进一步求得二阶变分

$$\delta^2 II = \delta u^T K_0 \delta u + \delta u^T \left(\frac{\partial^2 U_N}{\partial u^2}\right) \delta u \qquad (2-9)$$

式中 K_0——线性刚度矩阵；

U_N——总势能的非线性项。

令 $\dfrac{\partial^2 U_N}{\partial u^2}=K_1+K_2$，并代入式（2-9）得

$$\delta^2 \varPi = \delta u^T(K_0 + K_1 + K_2)\delta u = \delta u^T(K)\delta u \qquad (2-10)$$

式中 K_1——初始应力刚度矩阵；

K_2——初始位移刚度矩阵；

K——总刚度矩阵。

设某一阶段的初应力、初位移、对应载荷为 σ、u、p，则式（2-10）可化为

$$K(\sigma,\ u) = K_0 + K_1(\sigma) + K_2(u) \qquad (2-11)$$

在此基础上，当载荷有微小增量 $\lambda\Delta p$ 时，相应的位移增量、应力增量为 $\lambda\Delta u$、$\lambda\Delta\sigma$，代入上式，泰勒展开，略去高次项后得

$$K = K_0 + K_1(\sigma) + K_2(u) + \lambda\{\Delta K_1(\sigma,\ \Delta\sigma) + \Delta K_2(u,\ \Delta u)\} \qquad (2-12)$$

上式略去次要项，取 K 的行列式为零得

$$|\ K_0 + K_1(\sigma) + K_2(u) + \lambda K_1(\Delta\sigma)\ | = 0 \qquad (2-13)$$

通过上式求得特征值 λ 后，屈曲载荷为 $p+\lambda\Delta p$。

2.3.3 摄动法

在屈曲和后屈曲分析中，为与实际情况相符需要考虑大挠度或初始缺陷的影响，这种情况下通常会遇到解非线性方程的问题，摄动法提供了将非线性方程化为线性方程的途径。

对于一杆件结构的屈曲和后屈曲问题在数学上可以描述为如下形式的微分方程

$$L(y,\ x,\ \varepsilon) = 0 \qquad (2-14)$$

其边界条件为

$$B(y,\ \varepsilon) = 0 \qquad (2-15)$$

式中，L、B 为微分算子；x 为杆件轴向坐标；y 为杆件的挠度；ε 为正的小参数。

现在需求杆件屈曲时任意点的挠度值函数

$$y = y(x,\ \varepsilon) \qquad (2-16)$$

一般来讲，这样的问题很难或无法求得精确解。摄动法构造解的过程是：假设解可以展开成如下形式

$$y(x,\ \varepsilon) = y_0(x) + \varepsilon y_1(x) + \cdots + \varepsilon^n y_n(x) + \cdots \qquad (2-17)$$

这是关于 ε 的幂级数，为了确定级数式（2-17）中的系数 y_1、y_2、$\cdots$、y_n，将此级数代入方程（2-14）中，合并 ε 的同类项，并令其系数为零，可得一组递推方程

$$\left.\begin{array}{l} L_0 y_0 = h \\ L_0 y_1 = - L_1 y_0 \\ L_0 y_2 = - L_1 y_1 - L_2 y_0 \\ \qquad \cdots\cdots \end{array}\right\} \tag{2-18}$$

式 (2-18) 中第一式为退化方程, 通过各式代入边界条件, 然后逐级求解可以得出 y_1、y_2、$\cdots$、y_n, 从而求得方程的解。

2.3.4　方法比较

伽辽金法在求解过程中没有涉及任何变分问题, 由于其简便易行, 所以应用比较广泛, 但是在微分方程的算子不是线性算子的情况下, 很难得到线性方程组, 求解将发生困难。

摄动法与伽辽金法同样也提供了一种可能将非线性方程化为线性方程的方法。摄动法在求解过程中, 需要解渐进展开式, 然而渐进级数一般是发散的, 这样摄动法的解就有可能在展开项的前几项表现为逐渐收敛的形式, 当项数增加到一定程度后又表现为发散的形式。解决这一问题, 需要合理选择摄动参数, 或者采用分级摄动法, 这需要较高的数学专业技能, 增加了求解的困难。

有限元法采用将复杂结构离散化为一定数量的单元求数值解。为了提高结果的精度, 就必须划分更小的单元, 这将会付出更多的计算时间, 降低计算效率。随着计算机软硬件技术的飞速发展, 这一问题将逐渐得到解决。目前已经开发出多种有限元专业和通用软件, 对于一般科研工作者和工程技术人员使用非常方便。

2.4　几何非线性屈曲、后屈曲理论

通过前几节的分析可知, 对于结构的屈曲、后屈曲分析要得到更符合实际情况的解, 应该采用非线性理论; 通过方法比较, 可知依托于先进的计算机技术的有限元方法对于分析复杂结构的变形、内力等具有很大优势, 因此本节将讨论求解结构非线性屈曲、后屈曲的有限元方法。

2.4.1　全拉格朗日 (Lagrange) 格式

如要考虑薄壁结构在轴压载荷下引起的大变形, 必将涉及几何非线性问题, 这将导致平衡方程中的应变表达式出现位移的二次项。通常针对几何非线性问题而言, 增量法是一种有效的分析方法, 根据不同的参考位形可以分为两种格式, 第一种格式中所有的变量在整个分析中均参考同一位形——初始位形, 称为全拉格朗日格式 (T.L); 第二种格式中所有的变量在整个分析中均参考当前位形, 即不断更新的位形, 这种格式称为更新的拉格朗日格式 (U.L)[119]。本节采用势

能原理推导非线性问题的全拉格朗日格式。

对于处于平衡状态的结构，其内部单元也一定是处于相同的状态，根据最小势能原理可得（以下量均为与单元对应的量）

$$\delta \prod = \iiint_V \delta\{\varepsilon\}^T\{\sigma\}\mathrm{d}v - \delta\{u\}^T\{f\} = 0 \tag{2-19}$$

单元的非线性应变与节点位移之间的关系可以表示成如下的增量形式

$$\{\mathrm{d}\varepsilon\} = [\bar{B}]^T\{\mathrm{d}u\} \tag{2-20}$$

式中，$\{\mathrm{d}u\}$ 表示单元节点位移 $\{u\}$ 的微分形式，因为变分与微分在运算形式上具有相似性，所以可得

$$\{\delta\varepsilon\} = [\bar{B}]^T\{\delta u\} \tag{2-21}$$

在此将应变矩阵可以分为两部分，包括与节点位移无关的线性部分（刚体位移）和与节点位移相关的非线性部分

$$[\bar{B}] = [B_1] + [B_{\mathrm{nl}}] \tag{2-22}$$

将式（2-21）代入式（2-19），得

$$\iiint_V [\bar{B}]^T\{\sigma\}\mathrm{d}v - \{f\} = 0 \tag{2-23}$$

将上式取为增量形式

$$\iiint_V \mathrm{d}([\bar{B}]^T\{\sigma\})\mathrm{d}v - \mathrm{d}\{f\} = 0 \tag{2-24}$$

因为应变矩阵 $[B]$ 和应力 $\{\sigma\}$ 都是单元节点位移的函数，所以式（2-24）可以化为

$$\iiint_V \mathrm{d}([\bar{B}]^T)\{\sigma\}\mathrm{d}v + \iiint_V [\bar{B}]^T\mathrm{d}\{\sigma\}\mathrm{d}v - \mathrm{d}\{f\} = 0 \tag{2-25}$$

对于线弹性材料，上式中的应力增量与应变增量的关系可以表示为

$$\{\mathrm{d}\sigma\} = [D]\{\mathrm{d}\varepsilon\} = [D][\bar{B}]\{\mathrm{d}u\} \tag{2-26}$$

将式（2-22）代入上式可得

$$\{\mathrm{d}\sigma\} = [D]([B_1] + [B_{\mathrm{nl}}])\{\mathrm{d}u\} \tag{2-27}$$

式中，$[D]$ 为弹性矩阵。

将式（2-22）代入式（2-25）中左边第一项可得

$$\iiint_V \mathrm{d}[\overline{B_1}]^T\{\sigma\}\mathrm{d}v = \iiint_V \mathrm{d}[B_{\mathrm{nl}}]^T\{\sigma\}\mathrm{d}v = [k_\sigma]\mathrm{d}\{u\} \tag{2-28}$$

式中，$[k_\sigma]$ 为单元初应力矩阵，表示单元中存在的初始应力对单元刚度矩阵的影响。同理，式（2-25）中第二项可以表示为

$$\iiint_V [\bar{B}]^T\mathrm{d}\{\sigma\}\mathrm{d}v = ([k_1] + [k_{\mathrm{nl}}])\mathrm{d}\{u\} \tag{2-29a}$$

其中

$$[k_1] = \iiint_V [B_1]^T [D] [B_1] dv \tag{2-29b}$$

$$[k_{nl}] = \iiint_V [B_1]^T [D] [B_{nl}] dv + \iiint_V [B_{nl}]^T [D] [B_1] dv + \iiint_V [B_{nl}]^T [D] [B_{nl}] dv \tag{2-29c}$$

$[k_1]$ 是线性刚度矩阵，与单元节点位置变动无关；$[k_{nl}]$ 表示大位移刚度矩阵或称初位移刚度矩阵，体现单元节点位置变动时对单元刚度矩阵所产生的影响。

将式（2-28）和式（2-29a）代入式（2-25），即可得平衡方程的增量形式

$$[k_T]d\{u\} = d\{f\} \tag{2-30a}$$

其中

$$[k_T] = [k_1] + [k_\sigma] + [k_{nl}] \tag{2-30b}$$

$[k_T]$ 表示在变形过程中单元的瞬态刚度，称为单元切线刚度矩阵。结构的总体切线刚度矩阵可由单元切线刚度矩阵组装形成

$$[K_T] = \sum [k_T] \tag{2-31}$$

通过以上推导，得到结构平衡方程式的增量形式[120]

$$[K_T]d\{\Delta\} = d\{P\} \tag{2-32}$$

2.4.2　屈曲平衡方程

屈曲平衡方程可以根据结构变形的情况分为线性平衡方程以及非线性平衡方程。

2.4.2.1　线性屈曲平衡方程[121,122]

对于线性屈曲分析，可以忽略式（2-29c）所示的单元的大位移刚度矩阵 $[k_{nl}]$，则切线刚度矩阵（2-30b）变化为

$$[k_T] = [k_1] + [k_\sigma] \tag{2-33}$$

因此得到整个结构的平衡方程为

$$([K_1] + [K_\sigma])\{\Delta\} = \{P\} \tag{2-34}$$

将初应力矩阵 $[K_\sigma]$ 改写为 $\lambda[K_\sigma]$ 这样的形式，上式可化为：

$$([K_1] + \lambda[K_\sigma])\{\Delta\} = \{P\} \tag{2-35}$$

设结构所作用的载荷恰好达到失稳的临界载荷值，即进入临界平衡状态，结构在此状态下，外载荷保持不变，结构可能会从原平衡位置转换到与其邻近的某一平衡位置。此邻近的平衡位置可表示为原平衡位置的一个增量，即 $\{\Delta + \delta\Delta\}$，代入式（2-35）得

$$([K_1] + \lambda[K_\sigma])\{\Delta + \delta\Delta\} = \{P\} \tag{2-36}$$

将式（2-36）减去式（2-35）得

$$([K_1] + \lambda[K_\sigma])\{\delta\Delta\} = \{0\} \qquad (2-37)$$

这样，结构的线性稳定性问题就化为了求解特征值和特征向量的问题。通过特征值可以求出屈曲临界载荷值，由特征向量可以得到相应的屈曲失稳模态。

2.4.2.2　非线性屈曲平衡方程

考虑结构在加载过程中会引起位形的改变，从而引入非线性理论，在不断变化的位形上所建立起来的屈曲平衡方程，其矩阵形式如下

$$[K_T]d\{\Delta\} = d\{P\} \qquad (2-38)$$

其中

$$[K_T] = [K_1] + [K_\sigma] + [K_{nl}] \qquad (2-39)$$

2.4.3　屈曲方程的解法

在建立了式（2-38）所示的非线性屈曲平衡方程的基础上，讨论有限元求解方法。

2.4.3.1　线性屈曲方程的解法

对于线性特征值屈曲分析，大多数有限元软件如 ANSYS、ABAQUS 等主要采用两种方法：兰索思法（Lanczos）和子空间迭代法（Subspace）。

对于一个多自由度系统如果要求解很多特征模态时，兰索思法求解较快；当系统所求的特征模态少于 20 个时，子空间迭代法更快。当刚度矩阵不能确定时，兰索思法将不能进行屈曲分析。刚度矩阵不能确定的情况包括：采用 hybrid 单元、connector、contact 或刚体单元、分散 coupling 约束，还有模型的预加载荷超出屈曲临界载荷等情况。

2.4.3.2　非线性屈曲方程的解法

结构非线性屈曲方程的有限元解法，是将结构的平衡方程建立在不断变形后的构形上，而每次变形后的构形又是未知的，这种情况下非线性有限元方程一般需要通过迭代求解。通用的方法是增量-迭代方法，即将总外载荷分成有限个载荷增量步，然后逐级加载，而控制载荷增量步大小的方法主要包括载荷控制法、位移控制法、弧长法三种方法。载荷控制法主要适用于图 2-2(a) 中曲线 1 和曲线 2 所示的非线性响应分析；但是在载荷-位移曲线遇到图 2-2(b) 中 M 点处的极值或者图 2-2(c) 中 A、B 点处的突跳（Snap-through）现象时，常常会因为计算发生困难而导致计算失败，这时采用位移控制法代替载荷控制法可以克服计算困难；但是当遇到图 2-2(d) 中 C、D 点处所示的跳回（Snap-back）问题时将会导致计算失败。如果采用弧长法可以解决图 2-2 中的所有问题。通用商业有

限元软件中使用的是在 Ramm[14]、Crisfield[13] 和 Powell、Simons[123] 等学者的研究成果的基础上，经改进所得的一种弧长法——由 Riks[124] 提出的 Riks 法，该方法可以解决有初始缺陷结构的非线性屈曲和后屈曲问题。

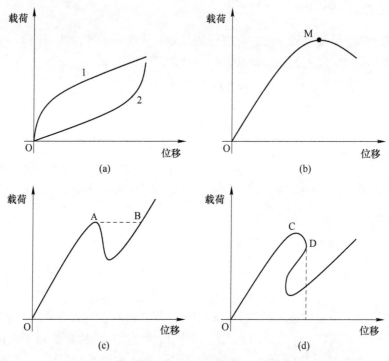

图 2-2　各种典型非线性载荷-位移曲线

Riks 法假设载荷是成比例的，载荷大小由一参数——载荷比例因子控制，λ 是载荷增量和位移增量的泛函，对结构施加的载荷称为目标载荷 P_{obj}，结构在 Riks 分析步之前的载荷状态称为载荷初始值 P_0，分析过程是从载荷初始值开始按一定的比例加载（通过比例因子控制）直到目标载荷，每一分析步对应的载荷值称为当前载荷 P_{cu}，用下式计算

$$P_{cu} = P_0 + \lambda(P_{obj} - P_0) \tag{2-40}$$

2.4.4　屈曲、后屈曲方程有限元解法讨论

通过 2.4.1~2.4.3 节的论述可知，有限元法是求解具有复杂几何形状和任意边界条件的结构力学问题的有效方法。对于在非线性屈曲问题求解中一般的迭代方法可能遇到的无法收敛的问题，如载荷控制法、位移控制法对于突跳等问题，采用弧长法（Riks 法）可以克服这一困难，这一方法还可以在求解后屈曲问题时计入初始缺陷的影响，本书在后屈曲极限载荷计算中采用了这一方法。

2.5 本章小结

本章对传统的屈曲、后屈曲理论进行了回顾，在分析比较的基础上，进行了必要修正、归纳，总结出了适合本书分析模型的有限元分析方法。主要包括以下内容：

（1）屈曲、后屈曲的基本概念，结构的三种基本状态，重点介绍了后屈曲行为。

（2）提出缺陷敏感型结构和缺陷非敏感型结构的合理定义，并指出这两类结构的轴压承载力和载荷位移曲线差别很大，因此对于薄壁加筋结构的承载力分析应进行敏感型的类型判别。

（3）归纳总结出完整的屈曲、后屈曲的能量判别准则。

（4）通过对传统的屈曲分析理论伽辽金法、摄动法、有限元法的分析比较，指出伽辽金法和摄动法在求解时都可能会遇到数学上的困难，选择了适合本书模型的屈曲、后屈曲有限元理论。

3 复合材料加筋板屈曲和后屈曲 有限元分析理论及验证

3.1 引言

在第 2 章通过比较选择了有限元理论，并讨论了其对非线性屈曲、后屈曲问题的一般解法，本章将针对复合材料加筋板这一模型，讨论适合它的屈曲、后屈曲理论。

到目前为止，有关复合材料加筋板屈曲、后屈曲的分析理论有多种，本章首先对主要的理论进行了回顾，然后选择了适合本书模型的分析理论，最后通过算例进行了验证。其中第 1 个算例对单根筋条的屈曲、后屈曲行为进行了解析解和有限元解的验证；第 2 个算例对可作为机身常用结构的圆柱壳的屈曲、后屈曲行为进行了解析解和有限元解的验证；第 3 个算例对复合材料 T 形加筋壁板的屈曲、后屈曲行为进行了有限元解与试验结果的验证；第 4 个算例对复合材料帽形加筋壁板的屈曲、后屈曲行为进行了有限元解与试验结果的验证。

以上算例是为本书所提出的复合材料折线形加筋板屈曲、后屈曲性能的理论分析方法提供必要的验证。由于本书的折线形加筋板筋条连接部位为铝合金材料，其余筋条与蒙皮均为复合材料层合板，所以本章的验证算例前两个为弹塑性材料，后两个为复合材料。算例 4 是在算例 3 的基础上对本书采用的有限元计算方法的可靠性和普遍适用性的证明。

3.2 复合材料加筋板屈曲、后屈曲有限元计算方法介绍

鉴于复合材料加筋板受力的复杂性，早期研究多以试验研究为主，并结合工程经验进行分析，准确性较低。近年来，随着计算机技术的飞速发展，推动有限元法在近半个世纪内发展到了新的高度，由早期的仅应用于传统材料板壳结构的屈曲分析，逐渐扩展到复合材料结构领域[127,128]。研究人员及相关学者提出可以采用以有限元分析为理论指导，以试验获得实测数据及试验现象为验证并对有限元法进行修正，两者进行对比分析相互补充的设计分析方法。在现代设计中，出于时间和成本方面的考虑，理论分析所占的比重将越来越大，因此研究更先进的复合材料层合板有限元分析方法，实现更准确的强度预测，成为各国航空航天领

域竞相发展的目标。

由于本书所研究的折线形加筋板筋条连接部位为铝合金材料，所以本节材料非线性屈曲理论中也对弹塑性材料提出了相应的非线性屈曲理论。

3.2.1 复合材料层合板非线性屈曲理论

复合材料层合板非线性屈曲理论主要从几何非线性和材料非线性两方面进行考虑。

3.2.1.1 几何非线性屈曲理论

采用冯·卡门教授提出的大挠度假设，通过薄板弯曲非线性理论，可以得出轴向载荷作用下复合材料层合板方程是耦合的。为了简化求解，由于薄膜应变的第一不变量弹性能的平方要比第二不变量大很多，从而第二不变量的影响可以忽略不计[129~131]。

薄板弯曲变形采用 Mindlin 假定，板的位移可以表示为

$$\left.\begin{array}{l} \bar{u}(x, y, z) = u(x, y) + z\psi_x(x, y) \\ \bar{v}(x, y, z) = v(x, y) + z\psi_y(x, y) \\ \bar{w}(x, y, z) = w(x, y) \end{array}\right\} \tag{3-1}$$

板内各点的应变为

$$\{\varepsilon\} = \left\{\begin{array}{c} \varepsilon_x \\ \varepsilon_y \\ \gamma_{xy} \\ \gamma_{yz} \\ \gamma_{zx} \end{array}\right\} = \left\{\begin{array}{c} \dfrac{\partial u}{\partial x} + z\dfrac{\partial \psi_x}{\partial x} + \dfrac{1}{2}\left(\dfrac{\partial w}{\partial x}\right)^2 \\ \dfrac{\partial v}{\partial y} + z\dfrac{\partial \psi_y}{\partial y} + \dfrac{1}{2}\left(\dfrac{\partial w}{\partial y}\right)^2 \\ \dfrac{\partial u}{\partial y} + \dfrac{\partial v}{\partial x} + z\left(\dfrac{\partial \psi_x}{\partial y} + \dfrac{\partial \psi_y}{\partial x}\right) + \dfrac{\partial w}{\partial x}\dfrac{\partial w}{\partial y} \\ \dfrac{\partial w}{\partial y} + \psi_y \\ \dfrac{\partial w}{\partial x} + \psi_x \end{array}\right\} \tag{3-2}$$

将复合材料力学及弹性力学板壳理论相结合可得复合材料层合板的本构关系为

$$\left.\begin{array}{l} N = A\varepsilon^0 + B\kappa \\ M = B\varepsilon^0 + D\kappa \\ Q = H\lambda \end{array}\right\} \tag{3-3}$$

式中，N、M、Q 为内力，分别表示为

$$N = \left[N_x, \ N_y, \ N_{xy} \right]^T$$
$$M = \left[M_x, \ M_y, \ M_{xy} \right]^T$$
$$Q = \left[Q_x, \ Q_y \right]^T$$

$$(3-4)$$

相应的应变为

$$\varepsilon^0 = \left[\varepsilon_x^0, \ \varepsilon_y^0, \ \gamma_{xy}^0 \right]^T$$
$$\kappa^0 = \left[\kappa_x^0, \ \kappa_y^0, \ 2\kappa_{xy}^0 \right]^T$$
$$\gamma = \left[\gamma_{xz}, \ \gamma_{yz} \right]^T$$

$$(3-5)$$

目前求解几何非线性问题通常采用的方法是将整个加载过程分成若干个增量步来描述结构变形过程中的平衡方程，而平衡方程是通过相对于该时刻对应位形下的坐标系来建立的，方程中相关的各个力学量通过对应时刻的坐标系来描述，根据建立坐标系方法不同可分为欧拉（Euler）法和拉格朗日（Lagrangian）法。欧拉方法是采用当前坐标系建立平衡方程，一般应用于流体力学分析。结构分析中常采用的是拉格朗日方法，又可以分为全局方法和修正方法，前者的参考位形选择结构初始位形，然后以此建立平衡方程，而后者的参考位形则选择前一步的相邻位形来建立平衡方程。

本书采用修正的拉格朗日法推导几何非线性分析的有限元列式[132]。采用虚功原理，即外力在虚位移上所做的功，等于结构产生虚应变所要吸收的应变能，用 $\{\psi\}$ 表示内力和外力的矢量总和，如下式所示

$$d\{\delta\}^T\{\psi\} = \int d\{\varepsilon\}^T\{\sigma\}\mathrm{d}v - d\{\delta\}^T\{R\} = 0 \qquad (3-6)$$

式中，$\{R\}$ 为载荷列向量；$d\{\delta\}$ 为虚位移；$d\{\varepsilon\}$ 为虚应变。用增量形式表示的位移和应变的关系为

$$d\{\varepsilon\} = [B]d\{\delta\} \qquad (3-7)$$

将式（3-6）代入式（3-7），可以消去 $d\{\delta\}$，整理后可得一般形式的非线性方程如下

$$\{\psi(\{\delta\})\} = \int_v [B]^T\{\sigma\}\mathrm{d}v - \{R\} = 0 \qquad (3-8)$$

在大位移情况下，应力和位移的关系成为非线性，因此矩阵 $[B]$ 是 $\{\delta\}$ 的函数，可以表示为

$$[B] = [B_0] + [B_L(\{\delta\})] \qquad (3-9)$$

式中，$[B_0]$ 为线性项，$[B_L(\{\delta\})]$ 为非线性项。

而应力和应变属于线性关系，可表示为

$$\{\sigma\} = [D](\{\varepsilon\} - \{\varepsilon_0\}) + \{\sigma_0\} \qquad (3-10)$$

式中，$[D]$ 为材料的弹性刚度矩阵；$\{\varepsilon_0\}$ 为初应变列向量；$\{\sigma_0\}$ 为初应力列向量。

对式（3-8）中的 $\{\psi\}$ 取微分形式，得

$$d\{\psi\} = \int d[B]^T\{\sigma\}\,\mathrm{d}v + \int[B]^T d\{\sigma\}\,\mathrm{d}v \qquad (3-11)$$

如果不考虑初应力和初应变的影响，由式（3-10）和式（3-7）可得

$$d\{\sigma\} = [D]d\{\varepsilon\} = [D][B]d\{\delta\} \qquad (3-12)$$

由式（3-9）可得

$$d[B] = d[B_L] \qquad (3-13)$$

将式（3-12）代入式（3-11）得

$$d\{\psi\} = \int d[B]^T\{\sigma\}\,\mathrm{d}v + [K]d\{\delta\} \qquad (3-14)$$

其中

$$[K] = \int[B]^T[D][B]\,\mathrm{d}v = [K_0] + [K_L] \qquad (3-15)$$

式中，$[K_0]$ 为小位移线性刚度矩阵；$[K_L]$ 为大位移非线性刚度矩阵。

而式（3-14）右边第一项可写为

$$\int d[B]^T\{\sigma\}\,\mathrm{d}v = [K_\sigma]d\{\delta\} \qquad (3-16)$$

式中，$[K_\sigma]$ 是关于应力水平的对称矩阵，称为初应力矩阵。这样式（3-14）可以写为

$$d\{\psi\} = ([K_0] + [K_L] + [K_\sigma])d\{\delta\} \qquad (3-17)$$

或 $$d\{\psi\} = [K_T]d\{\delta\} \qquad (3-18)$$

其中，$[K_T] = [K_0] + [K_L] + [K_\sigma]$，可以采用迭代法求解式（3-17）或式（3-18）。

采用以上结果可以推导出复合材料层合板后屈曲有限元平衡方程：

$$[K_T]\Delta\delta = \Delta P - R \qquad (3-19)$$

式中，ΔP 为载荷增量向量；R 为结构反力向量。

与 $[K_T]$ 相应的单元刚度矩阵是

$$[K_0^e] = \int_A [B_0]^T[D][B_0] \mid J \mid \mathrm{d}\xi\mathrm{d}\eta$$

$$[K_L^e] = \int_A ([B_L]^T[D][B_0] + [B_0]^T[D][B_L] + [B_L]^T[D][B_L]) \mid J \mid \mathrm{d}\xi\mathrm{d}\eta$$

$$[K_\sigma^e] = \int_A [B_r]^T[D][B_r] \mid J \mid \mathrm{d}\xi\mathrm{d}\eta$$

式中，$[K_0^e]$、$[K_L^e]$ 和 $[K_\sigma^e]$ 分别为层合板的线性、非线性应变-节点位移阵和法向转角-节点位移阵；$[D]$ 为层合板的弹性阵。

3.2.1.2 材料非线性屈曲理论

A 弹塑性材料非线性屈曲理论

弹塑性屈曲理论主要是针对铝合金、钢材等金属材料提出的非弹性屈曲理

论，包括 1889 年恩格赛尔（F. Engesser）提出的切线模量理论和 1895 年恩格赛尔提出的双模量理论。但是经过试验表明，实际的屈曲载荷介于以上两种理论计算值之间，更接近于前者。直到 1946 年香莱（F. R. Shanley）提出需分不同情况采用相应的理论才能达到较准确的预测结果。

a 切线模量理论[133]

对于轴心受压构件，基本假定是[134]：

（1）构件是挺直的；

（2）构件两端铰接，载荷沿构件轴线作用；

（3）构件的弯曲变形很微小；

（4）构件的横截面在弯曲变形后仍保持为平面；

（5）在弯曲时没有出现反号应变。

切线模量屈曲载荷的计算方法采用变化的变形模量 E_t 代替欧拉公式中的弹性模量 E，即

$$P_t = \frac{\pi^2 E_t I}{l^2} = \frac{E_t}{E} P_E \tag{3-20}$$

式中 P_t——切线模量屈曲载荷；

E_t——切线模量，取 $\Delta\sigma/\Delta\varepsilon$，即变形曲线上对应点的斜率；

E——弹性模量；

l——轴心受压构件计算长度；

I——构件截面惯性矩；

P_E——欧拉公式计算的弹性屈曲临界载荷。

b 双模量理论

基本假定除第（5）条外其他均与切线模量理论相同。双模量理论认为构件屈曲时作用于端部的载荷是常量 P_r，而此时构件仅发生微小的弯曲，构件的受压侧（凹面）应变为正，受拉侧（凸面）应变为负，即受压侧为加载区，受拉侧为卸载区，如图 3-1 所示。加载区变形模量变为 E_t，卸载区由于内力没有达到屈曲应力所以变形模量仍为弹性模量 E，通过求解构件的平衡方程，可以求出双模量理论下的临界屈曲载荷为

$$P_r = \frac{\pi^2(E_t I_1 + E I_2)}{l^2} = \frac{\pi^2 E_r I}{l^2} = \frac{E_r}{E} P_E \tag{3-21}$$

式中 E_t——加载区切线变形模量；

I_1——加载区惯性矩；

I_2——卸载区惯性矩；

E——卸载区变形模量即弹性模量；

E_r——折算模量，$E_r = \dfrac{E_t I_1 + E I_2}{I}$。

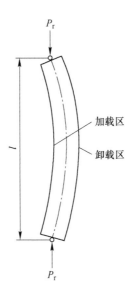

图 3-1　双模量理论加载区卸载区示意图

从上式可以看出，因为 P_t 的计算与两个变形模量 E 和 E_t 有关，因此称为双模量屈曲载荷或称为折算模量屈曲载荷。

通过比较以上两种理论计算轴心受压构件的弹塑性屈曲载荷可知 P_t 值小于 P_r 值，进一步与试验值比较得出了结论：P_t 值更接近试验结果。

c　香莱理论

1946 年香莱（Shanley）指出了切线模量和双模量理论的本质性矛盾[135]。之后又得出了 Shanley 理论[136]，其要点如下[113]：

（1）由切线模量理论所得出的屈曲载荷 P_t 是完善轴心压杆轴线保持直线状态的最大载荷；

（2）压缩载荷超过 P_t 时，直杆就开始弯曲，但是此时的挠度值很小；

（3）只有当杆件的挠度为无穷大时，杆件的屈曲载荷才能达到 P_r。

香莱通过试验证明铝合金杆件所得的试验结果与切线模量理论计算所得的临界屈曲载荷非常接近。

通过以上分析认为应采用切线模量理论作为弹塑性材料屈曲分析的材料非线性理论。

B　复合材料层合板材料非线性屈曲理论

单层复合材料板受压破坏属于脆性破坏，而对于由多个单层组成的复合材料层合板在加载过程中出现局部破坏后，一般还能继续承受载荷。针对复合材料层合板的这一特点，在出现局部破坏前采用线弹性分析方法，出现局部破坏后采用材料性能退化方法也就是刚度退化方法。因此复合材料非线性行为与材料的损伤情况紧密相关，刚度退化方案的选择是建立在损伤判别的基础上的。

3.2.2　Hashin 失效准则及材料刚度退化方案

通过 1.2.3 节的分析，Hashin 失效准则适用于判定复合材料层合板结构在加载过程中出现的纤维控制失效和基体控制失效等各种损伤失效形式。Hashin 准则经过后人的不断改进目前有多种形式，常用的有三维准则[137,138]和二维准则。对于受压薄板可近似为平面应力状态，故沿厚度方向的剪应力和正应力可以忽略不计，故本书采用二维准则[32]。本书采用的二维准则是 Goyal[139] 提出改进的 Hashin 准则，如表 3-1 所示。σ_{11}、σ_{22}、σ_{12} 和 X、Y、S_{12} 分别是沿纤维方向、面内横向和剪切方向的应力和强度，S_{23} 是沿厚度方向的剪切强度，对正交各向异性的层合板取 $S_{23} = S_{12}$。角标 T 和 C 分别代表拉伸和压缩。E_{11}、E_{22} 分别表示层板纤维和面内横向的弹性模量，ν_{12} 代表泊松比，G_{12}、G_{23}、G_{31} 分别代表剪切模量。角标 1、2 和 3 分别表示层板纤维、面内横向和厚度方向。

材料退化方法的基本思想是采用降低的材料模量模拟损伤后的材料失效行为[140]。ABAQUS 软件中所包含 Hashin 失效准则的退化方法基于能量方法，这种方法比较适合连续变化的退化形式，但这种退化方法并不符合复合材料加筋板分析领域的需要，复合材料加筋板应采用先判定损伤形式，然后对刚度矩阵进行调整，即产生材料刚度退化模型。该模型是将损伤材料的所有弹性模量乘以一个常退化因子，要实现材料模量退化模型，就需要利用 UMAT 对 ABAQUS 软件进行二次开发，本书开发了相应的用户子程序。

采用 Chang 和 Lessard[141] 提出的刚度退化方案作为本书的分析方法之一。层板损伤失效准则和材料性能退化方式的具体形式如表 3-1 所示。层板的纤维失效、基体开裂和纤基剪切失效后材料性能取值本书采用将表 3-1 中的材料弹性性能参数 E 和 ν 减小到初始值的 10%，而未采用 Chang 和 Lessard[141] 提出的将材料弹性性能参数减小到零的方案，这样避免了有限元计算中可能出现的结果不收敛的情况。

表 3-1　复合材料层板失效准则及刚度退化方案

失效类型	准　　则	退化性能
纤维拉伸	$\left(\dfrac{\sigma_{11}^2}{X_T^2}\right)^{\frac{1}{2}} \geq 1$	E_{11}，E_{22}，ν_{12} G_{12}，G_{23}，G_{31}

失效类型	准　则	退化性能
纤维压缩	$\left(\dfrac{\sigma_{11}^2}{X_C^2}\right)^{\frac{1}{2}} \geqslant 1$	E_{11}，E_{22}，ν_{12} G_{12}，G_{23}，G_{31}
基体拉伸	$\left(\dfrac{\sigma_{22}^2}{Y_T^2} + \dfrac{\tau_{12}^2}{S_{12}^2}\right)^{\frac{1}{2}} \geqslant 1$	E_{22}，ν_{12}
基体压缩	$\left(\dfrac{\sigma_{22}}{Y_C}\left(\dfrac{Y_C^2}{4S_{23}^2} - 1\right) + \dfrac{\sigma_{22}^2}{4S_{23}^2} + \dfrac{\sigma_{12}^2}{S_{12}^2}\right)^{\frac{1}{2}} \geqslant 1$	
纤基剪切，拉伸	$\left(\dfrac{\sigma_{12}^2}{S_{12}^2}\right)^{\frac{1}{2}} \geqslant 1$	ν_{12}，G_{12}，G_{31}
纤基剪切，压缩	$\left(\dfrac{\sigma_{11}^2}{X_C^2} + \dfrac{\sigma_{12}^2}{S_{12}^2}\right)^{\frac{1}{2}} \geqslant 1$	

本书所采用的复合材料层合板屈曲、后屈曲分析方法流程如图 3-2 所示，其中用户子程序部分用来模拟材料的损伤和材料性能退化部分。

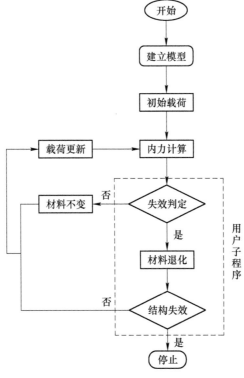

图 3-2　复合材料层合板屈曲、后屈曲分析方法流程图

3.3　方法验证算例

下面通过 4 个算例对 3.2 节提出的有限元计算方法进行验证，其中前两个算例验证了弹塑性材料非线性屈曲理论；后两个算例验证了复合材料层合板非线性屈曲理论。

3.3.1　弹塑性材料屈曲、后屈曲理论算例 1

工字形梁和 H 形梁、柱结构广泛应用于航空、航天工业中，除了单独作为构件外还可作为各种加筋板的筋条。H 形截面由于具有沿两主轴方向的截面抗弯惯性矩比较接近的特点，主要用于沿两个主轴平面受弯的构件和偏心受压构件；工字形截面由于具有截面高而窄的特点，一般多用于在其腹板平面内受弯的构件，在加筋壁板结构中两种截面均有使用。本节对 H 形悬臂梁的屈曲性能进行了研究，通过有限元结果与解析解以及有限元结果与规范计算结果的比较验证本书采用的弹塑性材料屈曲、后屈曲计算理论。

3.3.1.1　问题的提出

一 H 形悬臂梁，其长度、截面尺寸、受力形式和约束情况如图 3-3 所示，坐标系如图中所示，左端为固定端约束，右端为自由，梁材料选用普通碳素钢，标号 Q235，弹性模量 $E = 206\text{GPa}$，比例极限 $\sigma_p = 200\text{MPa}$，屈服极限 $\sigma_y = 235\text{MPa}$，密度 $\rho = 7.85\text{g/mm}^3$，泊松比 $\mu = 0.3$。载荷 P 沿梁轴线方向作用于 A 点，随着载荷 P 值的增大，当达到某一值时，梁可能首先发生失稳。现对其屈曲、后屈曲力学性能进行评估。

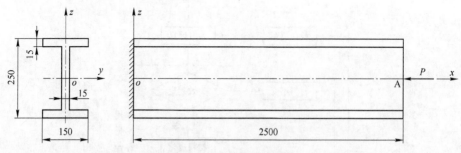

图 3-3　H 形截面悬臂梁

下面将分别通过解析法、有限元法以及折减系数法进行计算，其中由于后屈曲计算目前没有精确的解析方法，因此解析法仅计算了特征值屈曲载荷。

3.3.1.2　解析方法

采用材料力学中计算压杆稳定性的经典理论计算，但需满足适用条件，即只适用于细长压杆。计算过程如下：

几何参数计算：经计算得出以下参数：横截面最小惯性矩 $I_{min} = I_z = 8499375mm^4$；横截面面积 $A = 7800mm^2$；横截面最小惯性半径 $i_{min} = 33.01mm$。

判断失稳类型：根据文献［142］的方法，计算压杆的柔度值

$$\lambda = \frac{\mu l}{i} \qquad (3-22)$$

式中，λ 为压杆的柔度；μ 为压杆的长度因数，本例 H 形梁为悬臂梁，故取 $\mu = 2.0$；i 为横截面最小惯性半径；l 为压杆的几何长度。

上述计算结果代入式（3-22）得

$$\lambda = \frac{\mu l}{i} = \frac{2.0 \times 2500}{33.01} \approx 151.5$$

而

$$\lambda_p = \sqrt{\frac{\pi^2 E}{\sigma_p}} \approx 100$$

$\lambda > \lambda_p$，所以属于细长压杆，欧拉公式 $F_{cr} = \frac{\pi^2 EI}{(\mu l)^2}$ 适用。参数代入欧拉公式可得

$$F_{cr} = 6.905156 \times 10^5 N$$

根据稳定性理论，细长压杆一旦失稳后承载力将不能进一步增加。对于考虑初始缺陷的后屈曲计算目前尚没有精确的解析方法。

3.3.1.3 数值方法

本例采用有限元软件 ABAQUS 和 ANSYS 进行分析，由于分析过程相似，为减少文字冗余，只以 ANSYS 为例进行描述，ABAQUS 仅列出计算结果。

（1）有限元模型建立：本例采用精度较高的三节点 BEAM189 梁单元来模拟 H 形悬臂梁。网格大小为 250mm，沿梁长度方向划分 10 个单元，单元共 10 个，节点 31 个。通过收敛性检查 10 个单元所得结果足够精确，同时计算用时较少。所建有限元模型如图 3-4 所示。

（2）材料属性定义：本例 H 形悬臂梁材料密度为 $7.85g/cm^3$，泊松比为 $\mu = 0.3$，弹性模量为 $E = 206GPa$。

（3）载荷和边界条件：在所建模型的左端施加固定端约束，右端 A 点施加集中力 $P = 10^6 N$，A 端为自由端，如图 3-4 所示。

（4）有限元分析：分为两步，首先采用线弹性理论求出屈曲载荷及对应的屈曲模态，然后再采用非线性理论求解极限载荷。

1）屈曲载荷及屈曲模态计算：分别采用软件 ANSYS 和 ABAQUS 进行计算，ANSYS 计算出的第一阶和第二阶屈曲模态如图 3-5 所示。从图中可以看出，第一阶屈曲因子远远小于第二阶屈曲因子，因此二阶及二阶以上的模态可以忽略不

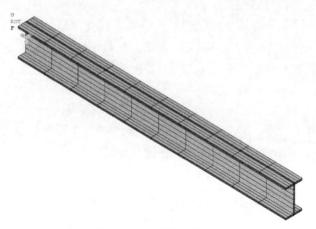

图 3-4　H 形悬臂梁有限元模型

计，以第一阶模态作为真实模态。求得临界屈曲载荷为：

ANSYS 计算结果　$F_{cr}^{ANSYS} = 0.689821 \times 10^6 = 689821N$

ABAQUS 计算结果　　　　$F_{cr}^{ABAQUS} = 684590N$

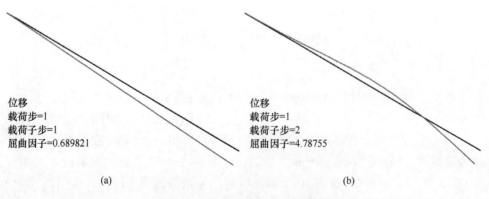

位移
载荷步=1
载荷子步=1
屈曲因子=0.689821

位移
载荷步=1
载荷子步=2
屈曲因子=4.78755

(a)　　　　　　　　　　　　　　　　　(b)

图 3-5　H 形悬臂梁屈曲模态
(a) 第一阶屈曲模态；(b) 第二阶屈曲模态

2）极限载荷计算：本例极限载荷计算考虑几何非线性和材料非线性两方面的内容，几何非线性考虑结构的初始缺陷，方法是以第（4）步中第 1）步得出的一阶屈曲模态变形值乘以一个缩放系数，然后按坐标叠加到原结构上，根据文献 [143] 缩放系数取 0.01，相当于梁的最大偏移值为 10mm；材料非线性要考虑材料的塑性行为，设置屈服极限为 235MPa，切线模量根据文献 [150] 所提出的应力-应变简化模式可得 $E_t = 0.03E = 6180MPa$，然后通过 Riks 计算模块的弧长法进行非线性计算。

ANSYS 计算结果为:

$$F_u^{ANSYS} = 557660N$$

ABAQUS 计算结果是:

$$F_u^{ABAQUS} = 548473N$$

同时可以得到载荷-位移曲线如图 3-6 所示,从图中可以看出,本例中的计算模型为极值点失稳,达到屈曲临界载荷后,后屈曲强度没有进一步提高,属于对缺陷敏感型结构。

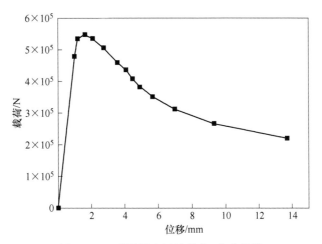

图 3-6 H 形梁轴向压缩载荷-位移曲线

3.3.1.4 折减系数法

本例采用钢结构设计规范[144]推荐的实腹式轴心受压构件稳定性计算折减系数法计算,计算公式如式(3-23)所示

$$\frac{N}{\varphi A} \leqslant f \tag{3-23}$$

式中 N——构件轴心压力,此处 N 待定;

　　φ——轴心受压构件的稳定系数(取截面两主轴稳定系数中的较小者),根据规范[144]可查得 $\varphi = 0.303$;

　　f——钢材的抗压强度设计值,根据规范[144]查得 $f = 215MPa$。

将已经求出的数值代入式(3-23)取等式可解出屈曲临界载荷值为

$$N_{buckling} = 508131N$$

下面考虑有初始缺陷情况下 H 形梁的极限载荷计算,本例采用将初始缺陷等效为初始偏心距,根据上文初始偏心距为 10mm,根据钢结构设计规范[144]实腹式压弯构件的稳定性按照式(3-24)计算

$$\frac{N}{\varphi_x A} + \frac{\beta_{mx} M_x}{\gamma_x W_{1x} \left(1 - 0.8\dfrac{N}{N'_{Ex}}\right)} \leqslant f \tag{3-24}$$

式中　N——轴心力，此处 N 待定；

$\quad N'_{Ex}$——参数，$N'_{Ex} = \dfrac{\pi^2 EA}{1.1\lambda_x^2}$；

$\quad \varphi_x$——弯矩作用平面内的轴心受压构件稳定系数，此处根据规范[144]查得 $\varphi_x = 0.303$；

$\quad M_x$——构件最大弯矩，此处 M_x 可取为梁端部的初始偏心距乘以轴心压力 N，即 $M_x = 10 \times N$；

$\quad W_{1x}$——在弯矩作用平面内的毛截面模量；

$\quad \beta_{mx}$——等效弯矩系数，根据规范[144]对于悬臂构件 $\beta_{mx} = 1.0$；

$\quad \gamma_x$——与截面模量相应的截面塑性发展系数，此处查规范[144]可得 $\gamma_x = 1.2$；

$\quad f$——钢材的抗压强度设计值，此处查规范[144]得 $f = 215\text{MPa}$。

将已知参数代入公式（3-24），同时取等式，可求得承载力为：$N_{\text{defect}} = 380090\text{N}$，此处求出的承载力为承载力许用值，根据材料力学的相关理论，应乘以安全系数才能求出极限承载力，根据文献［142］在一般静载作用下塑性材料的安全系数 $n_s = 1.2 \sim 2.5$，因此极限载荷应位于 $(1.2 \sim 2.5) N_{\text{defect}}$ 这一范围内。

3.3.1.5　讨论

将本例的 H 形梁轴心受压屈曲临界载荷的有限元解与解析解列于表 3-2，从表中可以看出两者非常接近，可见本书所用有限元方法求解屈曲临界载荷精度足够。

表 3-2　H 形梁轴心受压临界载荷有限元解与解析解的比较

F_{cr}/N	$F_{cr}^{\text{ANSYS}}/\text{N}$	$F_{cr}^{\text{ABAQUS}}/\text{N}$	$\left|F_{cr}^{\text{ANSYS}} - F_{cr}\right|/F_{cr}$	$\left|F_{cr}^{\text{ABAQUS}} - F_{cr}\right|/F_{cr}$
690516	689821	684590	0.1%	0.8%

由于目前尚没有精度足够的用于后屈曲强度计算的解析方法，本例只将 H 形梁轴心受压后屈曲强度（极限载荷）有限元计算结果与规范计算结果列于表 3-3 进行比较。从表中可以看出，ANSYS 计算结果与 ABAQUS 计算结果非常接近，与规范值的比值分别为 1.47 和 1.44，均位于 1.2 ~ 2.5 范围内，结果是合理的。

表 3-3 H 形梁后屈曲有限元解与规范计算值比较

F_u^{ANSYS}/N	F_u^{ABAQUS}/N	N_{defect}/N	F_u^{ANSYS}/N_{defect}	F_u^{ABAQUS}/N_{defect}
557660	548473	380090	1.47	1.44

通过比较可知本书采用的有限元屈曲、后屈曲计算理论是合理的，同时对于 H 形悬臂梁在后屈曲阶段的强度低于临界屈曲载荷，这种类型的结构后屈曲强度不能被利用。

3.3.2 弹塑性材料屈曲、后屈曲理论算例 2

圆柱壳结构广泛应用于航空、航天、工业与民用建筑等行业中，如飞机机身，运载火箭主承力筒壳结构等，而本书研究的加筋壁板就是取自飞机机身的典型结构件，其轴压屈曲问题一直是工程力学领域研究的热点之一。对于弹塑性材料的圆柱壳结构屈曲、后屈曲强度计算已经有成熟的解析解，本例通过解析解与有限元解的比较验证 3.2 节提出的弹塑性材料屈曲、后屈曲计算理论。

3.3.2.1 问题描述

一圆柱壳，中径 $D = 1000mm$，壁厚 $t = 10mm$，计算长度 $L = 1750mm$，钢材为 Q235 钢，材料弹性模量 $E = 206GPa$，泊松比 $\mu = 0.3$，现需评估其屈曲、后屈曲性能。

3.3.2.2 圆柱壳屈曲临界载荷及模态

A 解析方法

解析解采用轴心受压圆柱壳屈曲应力经典解[145~147]

$$\sigma_{cl} = \frac{E}{\sqrt{3(1-v^2)}} \frac{t}{r} \approx 0.605E \frac{t}{r} \qquad (3-25)$$

式中，E 为弹性模量；r 和 t 分别为圆柱壳的半径和厚度；μ 为泊松比。欧洲规范[148]给出式（3-25）的适用范围：

$$1.7 \leqslant \omega \leqslant 0.5 \frac{r}{t} \qquad (3-26)$$

其中

$$\omega = \frac{l}{\sqrt{rt}}$$

式中，l 为圆柱壳纵向长度。

首先采用公式（3-26）判断是否满足适用条件

$$\omega = \frac{l}{\sqrt{rt}} = \frac{1750}{\sqrt{500 \times 10}} = 24.74; \quad 0.5\frac{r}{t} = 0.5 \times \frac{500}{10} = 25$$

可见满足适用条件，可以采用公式（3-25）直接计算此圆柱壳的临界屈曲应力

$$\sigma_{cl} = 0.605E\,\frac{t}{r} = 0.605 \times 2.06 \times 10^5 \times \frac{10}{500} = 2492.6\text{MPa}$$

B 有限元方法

采用本书所采纳的有限元分析方法计算。首先建立有限元模型，采用圆柱坐标系，圆柱壳底部截面每个节点限制 x、y、z 三个方向的自由度，顶部截面每个节点线限制 x、y 两个方向的自由度。本书几何模型较简单，因此选用实体单元 solid45，而不选用壳单元，这样可以提高计算精度，而计算时间的增加并不多。圆柱壳轴向种子数为 40，圆周方向种子数为 20，由于钢为各向同性材料且圆柱壳为薄壳，所以厚度方向种子数为 1，以此剖分后单元总数为 3200 个，圆柱壳顶部截面作用单位载荷 1MPa 的压力，有限元模型如图 3-7 所示。

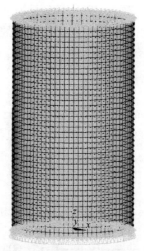

图 3-7 圆柱壳有限元模型

通过有限元屈曲模块计算可得一阶屈曲模态如图 3-8 所示，屈曲载荷为

位移
载荷步=1
载荷子步=1
屈曲因子=2355.58

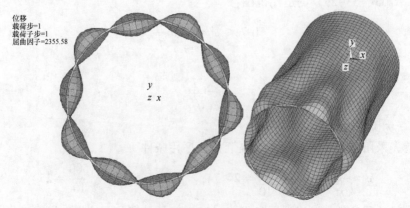

图 3-8 圆柱壳一阶屈曲模态

2355.58MPa，与上文的解析解比较误差为 5.8%，而文献［149］采用了壳单元 S4R，计算结果相对解析解误差为 9%，与之相比，本书的有限元分析结果更精确。

3.3.2.3 圆柱壳极限载荷

A 解析方法

首先采用解析方法，有缺陷圆柱壳在弹塑性状态屈曲应力计算公式为[150]：

$$\sigma_{0x} = \left[1.64 - 0.23 \left(\frac{d}{t} \right)^{\frac{1}{4}} \right] \sigma_y \leqslant \frac{0.4Et}{d} \qquad (3-27)$$

式中，σ_y 为材料的屈服强度设计值，查文献［145］可得 $\sigma_y = 235$MPa；t 为壳厚度；d 为壳中径。代入相应数值计算得

$$\sigma_{0x} = 214.5\text{MPa} \leqslant 824\text{MPa}$$

B 有限元方法

圆柱壳极限载荷的计算需考虑结构的非线性性质，即几何非线性和材料非线性，同时考虑结构初始缺陷的影响。具体方法与前例相同，此处不再赘述。

图 3-9 为后屈曲计算结果，其中图（a）表示在轴向载荷作用下圆柱壳顶部的轴向位移，从图中可以看出极限载荷值为 212MPa，与解析解计算结果比较两者误差为 1%，吻合较好。在达到极限载荷后曲线下降较快，之后呈现波浪形前进的特点，与文献［151］中圆柱壳轴压曲线的变化趋势一致。图 3-9(b) 为圆柱壳变形图，随着载荷的增加在下端出现了折叠形失稳模式，与文献［151］中试验所观察到的变形是一致的。

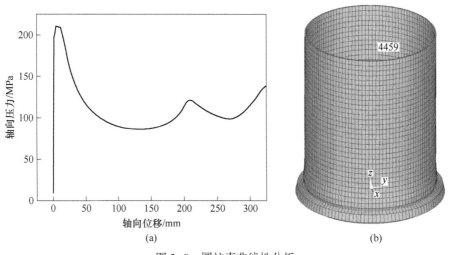

(a)　　　　　　　　　　　　　　(b)

图 3-9　圆柱壳非线性分析

（a）压力-位移曲线；（b）管道变形图

通过本例中解析解与有限元解的比较，可知本书采用的屈曲、后屈曲有限元分析理论是合理的。

3.3.3　复合材料非线性屈曲、后屈曲理论算例3和算例4

由于复合材料层合板的非线性屈曲分析目前尚没有可靠的解析解，所以本书通过两个算例对复合材料层合板受压采用有限元分析与试验相结合的方法验证3.2节选用的理论方法。

3.3.3.1　算例3：复合材料T形加筋板轴向压缩

A　数值计算

本节对一复合材料T形加筋板的轴向压缩的承载能力运用本书3.2节选用的方法进行有限元数值分析。在分析过程中，探索了单元的选取、边界条件的设置、界面层的处理，从中总结出复合材料层合加筋板屈曲及后屈曲承载能力的有效计算方法。模型的几何尺寸及剖面图如图3-10、图3-11所示。

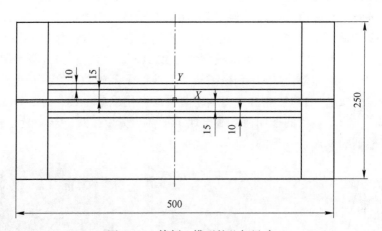

图3-10　算例3模型的几何尺寸

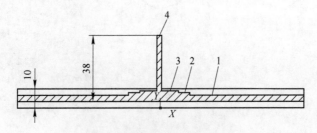

图3-11　算例3模型剖面图

1~4—位置代号

该复合材料加筋板单层厚度为 0.125mm，筋条与平板采用二次胶接，夹持端长度 50mm。边界条件为：加载边及支撑边为固支，两侧边夹持端为简支；加载方式为：沿轴向方向（加筋方向）施加位移压缩载荷。此复材加筋板的材料模量、强度参数见表 3-4，界面材料性能参数见表 3-5。

表 3-4　算例 3 单层板材料性能　　（MPa）

材料模量参数						材料强度参数				
E_1	E_2	μ_{12}	G_{12}	G_{23}	G_{13}	X_T	X_C	Y_T	Y_C	S_C
132500	9470	0.3	4830	4830	4830	1908	1417	70.5	198	124

表 3-5　算例 3 界面材料性能

X_T/MPa	S/MPa	G_{IC}/J·m^{-2}	G_{IIC}/J·m^{-2}	η
94.8	124	212	925	1.45

加筋板铺层情况见表 3-6，表中位置代号代表图 3-11 中数字所示位置，其中 1 号代表复合材料加筋板壁板铺层情况，2 号与 3 号代表下缘条的铺层情况，二者铺层的差异表明表面下缘条存在坡度，4 号为腹板的铺层情况。

表 3-6　算例 3 加筋板铺层情况

位置代号	1	2	3	4
铺层情况	[45, 0, -45, 0, 45, 0, -45, 0, 45, 90, -45, 0]$_s$	[45, 0, 0, 90, 45, -45]	[45, 0, 45, 0, -45, 0, 45, 0, -45, 90, 45, 0, -45, 0]	[45, 0, -45, 0, 45, 0, -45, 90, 45, 0, -45, 0]$_s$

本例采用通用有限元软件 ABAQUS 进行分析计算。建立分析对象的有限元模型如图 3-12 所示，采用 S4R 壳单元，该单元考虑剪切变形的影响，同时允许大旋转角和有限薄膜应变，适用于几何非线性分析[152]。选用 Hashin 失效准则作为失效判据。考虑到胶层在加筋板连接中所起的重要作用，在壁板和筋条间引入了一层界面单元，单位类型为 COH3D8[153]。对界面单元采用二次名义应力准则作为损伤起始判据，采用 BK 能量失效准则作为损伤扩展判据[154]。

网格尺寸的选择既要考虑到计算精度，又要考虑到计算效率，这就需要进行网格尺寸无关性验证，即随着网格密度的增加计算结果逐渐收敛于一个相对固定的值。为确定合适的网格密度，分别采用网格尺寸为 20mm、10mm、5mm、2.5mm 四种情况，由于界面层结构的特殊性，对于 20mm 和 10mm 两种情况在界面层处以及对应的下缘条和壁板处进行了局部加密。复合材料加筋板加界面单元模型的屈曲和后屈曲计算结果如表 3-7 所示。

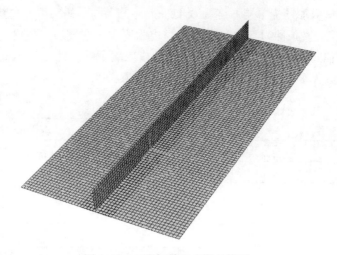

图 3-12   T 形加筋板有限元模型

表 3-7   复合材料加筋板增加界面单元模型的屈曲和后屈曲极限载荷

网格尺寸/mm	屈曲载荷/kN	后屈曲极限载荷/kN
20	58.05	177.54
10	56.52	168.97
5	53.63	153.89
2.5	53.59	153.04

由表中数据可以看出，随着网格尺寸越来越小，屈曲载荷与后屈曲极限载荷值逐渐减小，其差距呈逐渐减小趋势，到 5mm 与 2.5mm 时其差距已经远小于 1%，说明选择 5mm 的网格尺寸已经能够满足精度要求，故本章采用 5mm 全局种子划分网格。界面层网格划分和筋条下缘条相同，使界面单元节点与筋条下缘条的节点一一对应，有利于减小计算误差，提高复合材料加筋板屈曲与后屈曲计算精度。筋条与界面层之间、界面层与壁板之间都采用绑定约束连接。对于复合材料加筋板没有界面层单元的模型本节也进行了分析，过程与以上相同，此处不再赘述。采用 ABAQUS 中的 Buckle 模块进行求解，分别建立加界面单元和不加界面单元模型进行计算，其结果如表 3-5 所示。

算例 3 的一阶屈曲模态如图 3-13 所示，从图中可以看出筋条两侧各有 3 个明显的半波形，筋条中部也产生了变形。

在后屈曲有限元计算分析中，需要了解结构的几何初始缺陷，但实际情况是试验件的几何缺陷往往十分微小且很难测定。工程上通常采用的方法是：用线性屈曲的一阶屈曲模态代替结构的初始缺陷，这样虽然与实际情况有一定的误差，

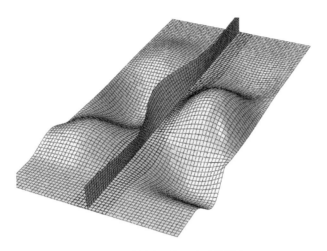

图 3-13 算例 3 的一阶屈曲模态

但是这种方法对结构的受力一般能产生"最不利"的影响[155]，因此其屈曲载荷和屈曲模态可以作为非线性有限元分析的参考，其结果可以作为一个下限近似值来估计极限载荷。

由于复合材料层合结构的强度是由各单层板的强度决定的，随着外载荷的不断增加，破坏首先出现在某一最弱单层，随后破坏逐渐向相邻的其他各单层扩展。当载荷增大到一定值时，更多单层发生失效，剩余的单层不能继续承载，从而导致整个结构完全失去承载能力，发生极限破坏。本例采用有限元软件 ABAQUS 中的 Riks 模块进行非线性后屈曲分析，采用渐进损伤方法来预测复合材料加筋结构的强度及破坏过程，并编制了用户子程序，每一个增量步子程序通过软件 UMAT 接口从主程序接收数据，判定其失效状态和失效模式。如果失效还需要设置材料刚度退化方案，刚度退化方案在本章 3.2 节中已做了介绍，在对材料刚度进行退化后的数据将再传回到主程序中，然后继续增加载荷至加筋板结构破坏。

计算中分别考虑有界面层和无界面层两种情况，以验证界面层的存在对后屈曲极限载荷的影响。为方便比较，根据有界面单元模型计算结果和无界面单元模型计算结果绘出载荷-位移曲线图，如图 3-14 所示。

从图中可以看出复合材料加筋板结构发生初始屈曲后，结构刚度开始下降，但还有继续承载的能力。随着外载荷进一步增大，结构刚度下降加快，直到载荷-位移曲线斜率接近零，此时结构完全失去承载力，该点对应的载荷值即可作为结构的极限载荷预测值。

有限元计算得到的极限载荷预测值，有界面单元模型的计算结果为 154.8kN，无界面单元模型的计算结果为 164.2kN，两者相差 6%。

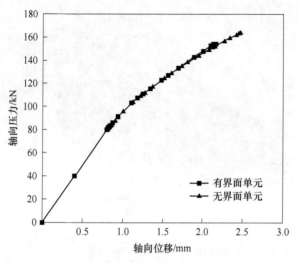

图 3-14   算例 3 载荷–位移曲线

B   试验验证

算例 3 的试验设备及试件见图 3-15，试验件正面粘贴应变片 3 行共 21 个，背面粘贴 3 行 15 个，因正面有筋条，故每行增加两个应变片。图 3-16 为试验所得的挠度–载荷曲线。

图 3-15   算例 3 试验设备及试件

从图 3-16 中可以看出，载荷小于 50kN 时，曲线总体上呈单调下降趋势，在 25kN 时有小幅波动，这是因为试件产生局部屈曲，但并没有影响到加筋板整体承载能力。载荷达到 50kN 以后，试验件的挠度出现反转，曲线单调上升，表明加筋板试验件已经发生了整体屈曲。

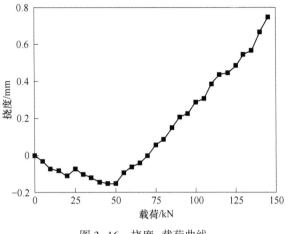

图 3-16 挠度-载荷曲线

试验结果与有限元分析结果列入表 3-8 中。

表 3-8 有界面单元和无界面单元模型计算结果

结 果	有界面单元模型	无界面单元模型
轴向半波数	3	3
屈曲载荷计算值/kN	53.61	53.74
试验值/kN	50	50
计算误差/%	7.22	7.48

通过有限元计算结果与试验结果对比可知：计算结果与试验值误差小于 10%，符合工程精度要求，可以证明本章采取的复合材料屈曲及后屈曲分析理论合理有效。计算中存在的误差主要包括两方面原因：一方面是有限元计算方法对实际边界条件的模拟还不够准确，简支边界条件与实际情况还存在差异；另一方面是复合材料加筋板在制造、安装过程中会产生偏差与缺陷，其中边界上的制造偏差在试验中可通过添加薄铜片来校正，而有限元模型在默认状态下认为毫无缺陷，大量文献与资料中都已证实屈曲计算对边界条件及各种缺陷十分敏感[156~158]。从表 3-8 中还可以发现，在屈曲阶段界面单元是否存在对屈曲临界载荷的计算结果并没有显著的影响，主要原因是在初始屈曲阶段，筋条与壁板之间一般不会出现界面脱粘损伤。

后屈曲试验为了判断复合材料加筋板试验件受载是否正常，试验须先进行预加载，观测加筋板两面对应位置处的应变片数值是否相等，从而判断是否存在加载偏心，通常情况下需要反复调整才能达到最佳状态。

调整结束后，按预定的加载程序开始压缩试验，同时采集试验过程中各级载荷对应的应变数据，直至加筋板压缩破坏。从 137kN 开始陆续听到轻微的响声，加载到 146kN 时结构整体发生破坏，破坏基本在一瞬间完成，加筋板在破坏之前没有观察到明显的变形。图 3-17 为试验中采集的筋条上的载荷-应变曲线。

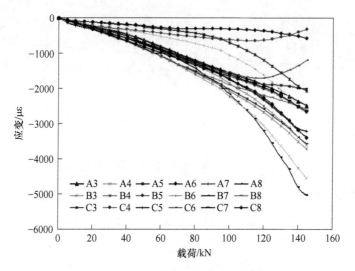

图 3-17　算例 3 筋条上的载荷-应变曲线

由图 3-17 可知，载荷达到 120kN 以后，试验件筋条上的应变出现明显分叉现象，直至最终破坏。破坏过程几乎在瞬间完成，很难准确判断初始破坏位置和破坏模式。根据试验结束后对试验件进行的观察，加筋板表现出多种后屈曲破坏形态，包括筋条与壁板间的界面脱粘、分层、纤维断裂、基体开裂等。试验件破坏情况如图 3-18 所示。

图 3-18　试验件破坏情况

将有限元计算得到的极限载荷预测值与压缩试验的极限载荷列于表 3-9。

表 3-9 算例 3 计算给出的极限载荷预测值与压缩试验极限载荷

极限载荷	有界面单元模型	无界面单元模型
极限载荷计算值/kN	154.8	164.2
极限载荷试验值/kN	146	146
误差/%	5.7	12.5

由表 3-9 可以看出，有界面单元的模型所得到的极限载荷预测值更接近试验值，说明具有界面单元的模型更接近实际情况。对于无界面单元的模型，从图 3-14 所示的曲线可以看，在 150kN 之前与有界面单元的模型非常接近，加筋板是否脱粘对结果影响并不明显；而在 150kN 之后，由于没有界面单元，筋条与壁板一直到结构破坏都不会分离，也就是对壁板的加强作用到整体破坏前都有效，这就是无界面单元模型比有界面单元模型极限载荷值偏大的根本原因。而对于模拟结果与试验结果的误差来源主要是边界条件问题、材料非线性的处理方法和计算中难以模拟的制造和安装缺陷等问题。

通过以上分析可以看出，算例 3 的后屈曲极限载荷值远大于屈曲载荷值，说明加筋板结构是存在后屈曲过程的，复合材料加筋板是一种对缺陷不敏感结构，同时在实际工程结构中利用结构后屈曲强度是非常必要的。

3.3.3.2 算例 4：复合材料帽形加筋板轴向压缩

A 数值计算

为了验证本书所采用有限元计算方法的可靠性和普遍适用性，本节再次选用帽形加筋板作验证算例进一步进行分析。算例 4 的模型几何尺寸及剖面图分别如图 3-19、图 3-20 所示。

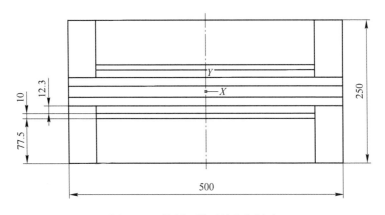

图 3-19 算例 4 模型的几何尺寸

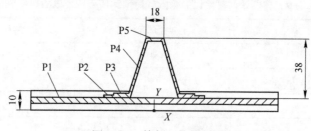

图 3-20　算例 4 的剖面图

材料参数、加载方式、边界条件与算例 3 均相同。加筋板铺层情况如表 3-10 所示，表中位置代码如图 3-20 所示。

表 3-10　算例 4 加筋板铺层情况

位置代码	P1	P2	P3	P4	P5
铺层情况	$[45, 0, -45, 0,$ $45, 0, -45, 0,$ $45, 90, -45, 0]_s$	$[0, 90,$ $45, -45]$	$[45, 0, -45,$ $90, 45, 0]_s$	$[45, 0, -45,$ $90, 45, 0]_s$	$[45, 0, 0, 0,$ $0, -45, 90,$ $45, 0]_s$

加筋壁板模型采用 S4R 壳单元，失效判据采用 Hashin 失效准则。在壁板和筋条间同样引入了一层界面单元，单位类型为 COH3D8 单元。对界面单元起始判据和损伤扩展判据与算例 3 相同。

网格种子选取为壁板取 100×50，筋条上缘 100×4，下缘 100×4，腹板 100×6。界面层网格划分采用与筋条下缘条相同的方案，这样有利于载荷的传递。

求解方法与算例 3 相同，仍采用软件 ABAQUS 中的 Buckle 模块进行求解，分别考虑了有界面单元和无界面单元两种模型进行计算，结果列于表 3-11。从表中可以看出屈曲载荷值有界面单元与无界面单元结果非常接近，界面单元的刚度对整体刚度矩阵影响不大。

表 3-11　有界面单元与无界面单元模型计算结果比较

项　　目	有界面单元模型	无界面单元模型
轴向半波数	3	3
屈曲载荷计算值/kN	107.33	108.02
相对误差/%	0.6	0.6

本节后屈曲分析方法与算例 3 相同，得到有界面单元和无界面单元的极限载荷分别为 203.3kN 和 209.3kN，相对误差 3%，很接近。

B　试验验证

算例 4 的试验设备与试件如图 3-21 所示。试验件正面粘贴应变片 3 行共 21

个，背面粘贴 3 行共 15 个，图 3-22 为试验中得出的挠度-载荷曲线。从图中可知，载荷达到 100kN 以后，试验件的挠度出现反转，表明试验件已经发生了整体屈曲。

图 3-21　算例 4 试验前照片

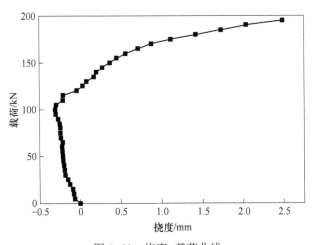

图 3-22　挠度-载荷曲线

由图 3-23 可以看出，载荷达到 160kN 以后，筋条上的应变出现较明显的分叉现象，加载到 195kN 时，复合材料加筋板结构发生破坏。

为方便比较将计算结果（包括有界面单元和无界面单元）与试验结果列于表 3-12 中。从表中可以看出两种模型屈曲载荷计算值与试验值都非常接近，误差均小于 10%，满足复合材料加筋板屈曲载荷计算精度要求，证明本书采用分析理论和计算方法具有普遍适用性和可靠性。也再次表明，界面脱粘对屈曲载荷计算精度的影响并不显著，通过试验观察也证明在屈曲载荷阶段界面脱粘区域极小，对加筋结构整体刚度的影响可以忽略不计。

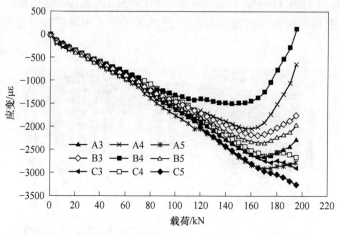

图 3-23　算例 4 的载荷–应变曲线

从表 3-12 可以看出，算例 4 的两个极限载荷计算值与试验结果很接近，误差满足工程要求。通过比较算例 4 与算例 3 试验破坏后的试件，算例 4 其界面脱粘损伤区域面积较小，所以对算例 4 而言是否考虑界面脱粘损伤对结果的影响并不显著，这也说明考虑界面脱粘损伤对计算精度的影响要依据界面脱粘损伤区域的面积大小。因此如果界面强度足够，在加筋板达到极限载荷前没有出现过大的脱粘损伤区域，就不会对极限载荷有显著影响。

表 3-12　计算结果与试验结果比较

结　　果	有界面单元模型	无界面单元模型
轴向半波数	3	3
屈曲载荷计算值/kN	107.3	108.0
屈曲载荷试验值/kN	100	100
误差/%	7.3	8.0
极限载荷计算值/kN	203.3	209.3
极限载荷试验值/kN	195	195
误差/%	4.2	7.3

算例 4 的屈曲载荷与后屈曲极限载荷计算结果与试验结果吻合，破坏趋势与损伤扩展合理。经过算例 3 的计算与算例 4 的进一步验证，可以肯定本书采用的分析理论和计算方法合理有效，对于复合材料加筋板的计算分析是普遍适用的。

3.4　本章小结

本章的主要目的是为本书所采用的复合材料加筋板屈曲、后屈曲性能的理论分析方法提供必要的验证。首先对本书所采用的有限元分析理论进行了介绍，包括几何非线性理论、材料非线性理论，以及屈曲方程的解法等内容。然后采用 4 个算例进行了验证。前两个算例验证本书采用的弹塑性材料非线性屈曲理论，其中算例 1 对单根筋条的屈曲、后屈曲行为进行了解析解和有限元解的验证，算例 2 对可作为机身常用结构的圆柱壳的屈曲、后屈曲行为进行了解析解和有限元解的验证；后两个算例验证了本书采用的复合材料层合板非线性屈曲理论，其中算例 3 对复合材料 T 形加筋板的屈曲、后屈曲行为进行了有限元解与试验结果的验证，算例 4 对复合材料帽形加筋板的屈曲、后屈曲行为进行了有限元解与试验结果的验证。

通过算例的验证得出结论：采用本书提出的有限元分析理论总体上对弹塑性各向同性材料比复合材料层合结构计算结果精度略高，两者均能够满足工程计算要求。

4 复合材料折线形加筋板屈曲和后屈曲有限元分析

4.1 引言

一般而言，在飞机结构中，无论复合材料还是金属材料的加筋板，筋条均采用直线形的。大多数学者研究加筋板也采用直线形加筋板模型，例如 Bisagni 和 Vescovini[159]提出了一个可以计算各向同性或复合材料的加筋板屈曲和后屈曲承载力的计算公式，针对的加筋板就是直线形的，此外还有 Orifici[21] 和 Perret[160]等众多的研究和技术人员。对于非直线形筋条涉及不多，特别是复合材料加筋板的折线形筋条试验与研究很少。然而，随着飞机结构形式的不断改进，折线形筋条近年来在飞机结构中采用逐渐增多。如图 4-1 所示的后略翼飞机机翼上的 A、B 和 C 部位都采用了折线形筋条。A、B 位于外翼部分上蒙皮，在飞行状态下主要承受剪力和压力，C 位于中央翼盒上蒙皮，在飞行状态下主要承受压力，C 部位属于典型的轴压加筋板屈曲问题，也是本书主要讨论的加筋板类型。折线形筋条加筋板还广泛应用在近几年出现的一些新机型上。如图 4-2 所示为 21 世纪初

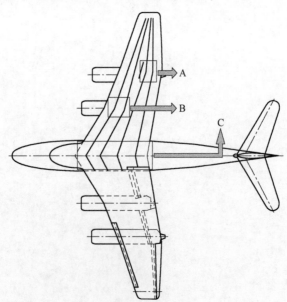

图 4-1　某后略翼飞机机翼筋条铺设示意图

期提出的静音、低排污的概念机型之一——混合翼身布局型（又称为翼身融合型）飞机，机翼部分圆圈内的部分采用了折线形筋条。图4-3为混合翼身布局型飞机机翼折线形筋条铺设示意图。

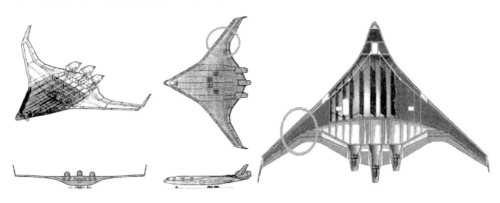

图4-2　某混合翼身布局型飞机

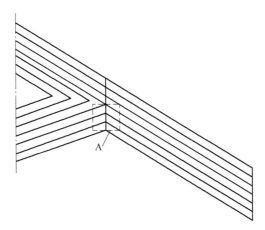

图4-3　机翼折线形筋条铺设示意图

图4-4所示为一三角翼飞机和它的筋条的布置方式。可以看出图4-2和图4-4中的机型均存在图4-1中的相应A、B和C部分，可见轴压载荷作用下的折线形筋条加筋板是一种常见的结构形式。

整个筋板在轴向压力作用下时，在折线形筋条的弯折处如图4-3中的A所示的部位受力形式复杂，往往容易较早损坏，属于薄弱部位，一般须对这一部位进行加强；有些情况下出于制造工艺的要求，筋条须弯折时，在弯折处往往通过两根筋条对接后，再采用搭接件连接。无论采用哪种方式，接头部分的强度对整个加筋板的后屈曲性能都有很大的影响，而现有的文献对这一情况研究还不够，本章针对这一情况对筋条弯折处通过接头连接的加筋板展开分析研究。

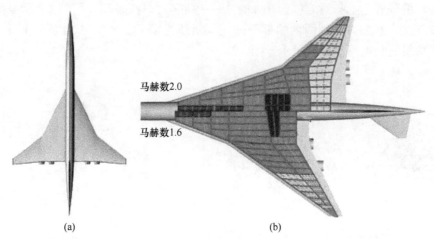

(a)　　　　　　　　　　　　　　　(b)

图 4-4　三角翼飞机和筋条布置[161]

（a）某三角翼飞机；（b）马赫数分别为 2.0 和 1.6 的三角翼飞机机翼内部结构图（虚线为筋条）

　　本章假定复合材料蒙皮与筋条之间的连接强度足够，在达到极限载荷之前不会出现分层失效，这一假定是基于第 3 章算例分析结果以及国内外诸多学者的研究成果。Perret 等人[161]分析了复合材料加筋板的整体屈曲行为，在模型中未考虑筋条和蒙皮之间的界面层，数值计算结果被试验结果证实是正确的。Kong 等人[9]对复合材料加筋板的筋条和蒙皮采用共固化整体成型技术，在轴压试验中，加载至极限载荷，除一试件外未观察到筋条与蒙皮分离。Mo 等人[162]和Bertolini 等人[163]也都通过试验和数值分析得出相似的结论。国内学者王菲菲和崔德刚等人[41]提出了一种适合于复材加筋板后屈曲强度计算的工程方法，这种方法的前提是假设蒙皮和加筋条在纵向和横向连续、筋条与蒙皮贴合面上位移连续，即筋条与蒙皮之间连接牢固，在达到极限载荷前不会出现分层现象，通过该方法计算结果与试验值对比能够满足工程精度要求。另外，根据国内外近年来对于蒙皮与筋条局部缝合的加筋壁板的承载力与未缝合的加筋壁板的承载力所开展的大量试验和理论研究[164~167]，得出较一致的结论：筋条与蒙皮采用局部缝合工艺除可改善壁板的损伤容限性能外，对提高无损壁板的极限承载力的效果并不明显。叶强[58]通过试验比较了相同结构的复合材料加筋板筋条与蒙皮的局部连接分别采用缝合和未缝合两种试件，结果显示缝合的加筋板仅比未缝合的加筋板强度提高 6.4%，这一结论与 Tan Yi 等人[168]的试验结果强度提高 6.8%十分接近。通过以上分析可知，复合材料加筋板筋条与蒙皮的连接强度对加筋板的后屈曲极限载荷的影响有一个上限值，达到这一值后对极限载荷的影响很小。因此在保证筋条与蒙皮连接强度足够的前提下，为提高计算效率、简化计算过程，可以假设在加筋板达到极限强度前筋条与蒙皮之间不会发生分层。

　　本章的数值分析，采用非线性分析功能强大的通用有限元软件 ABAQUS 进行分析。本章首先论述 ABAQUS 软件的主要特点及用来分析本书模型的优势，然后采用第 2、3 章介绍并经过第 3 章验证的加筋板屈曲、后屈曲有限元分析方法对本书的模型进行了计算，对复合材料折线形加筋板的屈曲、后屈曲性能进行了预测。

4.2 有限元软件 ABAQUS 的主要特点

采用 ABAQUS 软件分析本章的有限元模型，主要是基于以下几个特点：
（1）能够求解广泛的线性、非线性问题，包括静态、动态、电热等；
（2）有专门的针对屈曲、后屈曲分析的模块：Buckle 和 Riks 模块；
（3）材料模型丰富，对工程领域中常用材料的线性和非线性行为都可模拟；
（4）在材料和结构的建模方面功能强大，单元类型丰富和分析模块齐全；
（5）后处理功能强，为计算结果的解释提供了广泛的选择。

4.3 几何模型

本章的计算模型根据 4.1 节的分析在飞机飞行状态下主要承受轴向压缩载荷，因此须分析其轴压稳定性。本章采用数值分析方法，采用有限元软件 ABAQUS 进行分析。几何模型采用绘图软件 CATIA 建立，如图 4-5 所示，该模型可以分为四部分：蒙皮、6 根帽形筋条、一根 L 形筋条、接头部件。在折线形筋条的转折部位，属于受力薄弱部位，通过 3 个接头使筋条相互连接，同时为保证筋条在接头部位连接的刚度在加筋板的背面沿横向设 1 根 T 形筋条。本章讨论的接头部件包括 3 个接头和 1 根 T 形筋条。

加筋板模型筋条与蒙皮采用的连接方式为共固化连接；接头与 T 形筋条采用铝合金材料，与蒙皮连接采用铆接方式。表 4-1 为加筋板上复材部件的铺层方式及厚度，表 4-2 为加筋板上铝合金接头部件的材料类型及厚度，表 4-3 为本书所采用复材单向带的力学性能，表 4-4 为铝合金材料性能。

表 4-1 加筋板复材部件的铺层方式及厚度

铺层及厚度	数值
蒙皮厚度/mm	4.5
蒙皮铺层/(°)	$[\pm45/0_2/45/0_2/-45/0/45/90/-45/0_2/45/90/-45/0]_\mathrm{S}$
帽形筋条厚度/mm	2.5
帽形筋条铺层/(°)	$[\pm45/0_3/45/90/-45/0_2]_\mathrm{S}$
L 形筋条厚度/mm	2.5
L 形筋条铺层/(°)	$[\pm45/0_3/45/90/-45/0_2]_\mathrm{S}$
单层厚度/mm	0.125

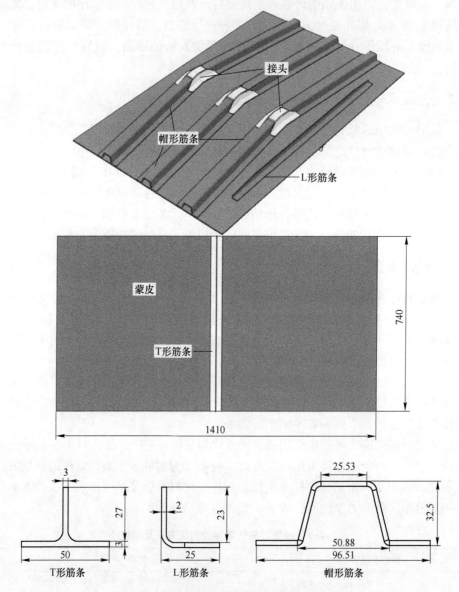

图 4-5   复合材料折线形加筋板几何模型

表 4-2   加筋板上铝合金接头部件的材料类型及厚度

接头部件	材料类型	厚度/mm
接头	7050T7451	2.5
T 形筋条	2A12	2.5

表4-3 加筋板复材单向带力学性能（常温干燥） （MPa）

力学性能	数值	力学性能	数值
0°拉伸强度	2093	90°拉伸强度	50
0°压缩强度	870	90°压缩强度	198
0°拉伸模量	128000	90°拉伸模量	8400
0°压缩模量	110000	90°压缩模量	9000
面内剪切强度	104	剪切模量	4000
泊松比	0.32	层间剪切强度	86

表4-4 加筋板铝合金材料性能

铝合金材料	力学性能	数值
7050T7451	弹性模量/GPa	70
	泊松比	0.33
	密度/kg·mm^{-3}	2.82×10^{-6}
	剪切模量/GPa	27
	拉伸强度/MPa	466
	剪切强度/MPa	233
2A12	弹性模量/GPa	71
	泊松比	0.33
	密度/kg·mm^{-3}	2.8×10^{-6}
	剪切模量/GPa	26
	拉伸强度/MPa	365
	剪切强度/MPa	183

4.4 有限元建模及施加载荷和边界条件

由于本书加筋板的宽厚比大于100，沿厚度方向的应力可忽略不计，所以选择对屈曲、后屈曲分析效率较高的四节点壳单元S4R。由于筋条与蒙皮之间的连接以及接头部件与蒙皮、筋条之间的连接可以得到保证，所以采用了Tie（绑定）连接方式。建立的有限元模型如图4-6所示。

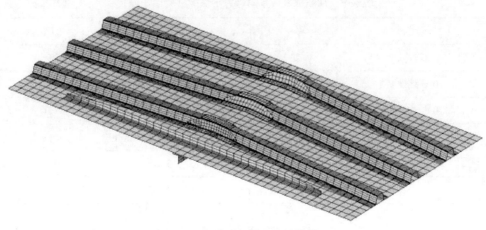

图 4-6   折线形加筋板有限元模型

由于试验中加筋板底端固定，两侧边简支，顶端为加载端采用固定约束，所以折线形加筋板有限元模型采用的载荷与边界条件设计如图 4-7 所示。从图中可以看出 A 边固定了所有的 6 个约束，B 边只能沿 x 方向移动，C 与 D 边只约束 z 方向的位移。将 B 边中点定义为参考点作为加载点，同时将此参考点与 B 边耦合，这样加载后可使载荷均匀地分布在 B 边上。对于特征值屈曲临界载荷分析，施加集中力载荷；对于后屈曲阶段的极限载荷分析采用位移加载，施加位移载荷。

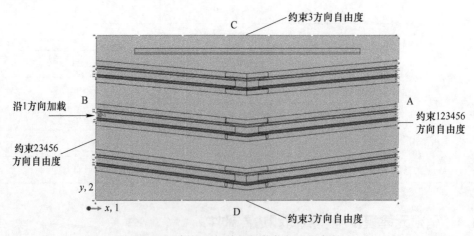

图 4-7   折线形加筋板的载荷与边界条件

4.5   分析方法与分析过程

本章在采用有限元软件基础上还开发了用户子程序。用户子程序包括纤维断裂、基体开裂和纤基剪切损伤对加筋板刚度的影响，这一影响逐渐发展直至结构的破坏。先采用"Buckle"模式求解屈曲临界特征值，然后采用"static，riks"模式求解极限载荷，同时跟踪整个非线性加载路径。"Buckle"模式主要采用摄动分析法；"static，riks"模式采用改进的弧长法，同时考虑几何和材料非线性。

本章的非线性分析包括几何非线性和材料非线性。几何非线性是针对加筋板在后屈曲阶段的大变形行为；而材料非线性是指复合材料层板由于损伤引起的刚度退化行为和铝合金接头部件弹塑性行为。

本章复合材料层板的材料非线性行为与材料的损伤情况密切相关，损伤模型即采用的失效准则和刚度退化方案详见 3.2.3 节。

铝合金接头部件在后屈曲阶段由于加筋板变形较大会产生塑性变形，本章通过铝合金材料的应力-应变关系定义材料属性，所选用的两种铝合金材料的应力-应变关系如图 4-8、图 4-9 所示。

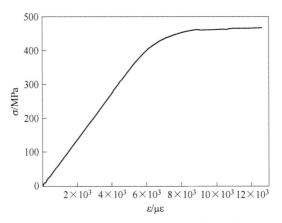

图 4-8 铝合金接头应力-应变关系曲线

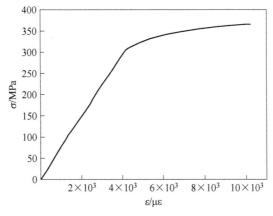

图 4-9 铝合金 T 形筋条应力-应变关系曲线

分析过程可概括为以下四步：

第一步，通过特征值屈曲分析求解屈曲载荷和屈曲模态。

第二步，在特征值屈曲分析的基础上，构造出加筋板的初始缺陷，引入初始缺陷后模型的节点坐标如式（4-1）所示

$$c(x, y, z) = c_0(x, y, z) + \sum_i \beta_i X_i(x, y, z) \qquad (4-1)$$

式中　　$c_0(x, y, z)$——无任何缺陷原始模型的节点坐标值；

$\quad\quad X_i(x, y, z)$——第 i 阶屈曲模态；

$\quad\quad\quad\beta_i$——偏移系数，本质是 i 阶模态相对于初始缺陷而言的权值，由于上文提到的原因在本章中 i 取 1。

对于 β_1 的取值有不同看法，文献［143］认为金属筒应该取筒厚的 2%，文献［169］、［170］认为对于复合材料加筋板结构应该取壳厚度的 5%，文献［171］对于复合材料加筋壁板的后屈曲承载力计算取值为壁板厚度的 10%，本章 β_1 取 5% 的壁板厚度。

第三步，将构造出的有初始缺陷的加筋板提交 ABAQUS 求解器进行计算，非线性求解方法主要采用改进的弧长法。

第四步，对有限元计算结果进行收敛性分析。本章采用基于 Arbelo[172] 的方法，同时还兼顾了计算效率问题。

4.6　结果与讨论

4.6.1　特征值屈曲分析

如图 4-10 所示为加筋板的 1 阶屈曲模态，求得 1 阶屈曲载荷为 470.8kN，由于 2 阶屈曲因子与 1 阶相比小很多，所以不考虑 2 阶及 2 阶以上的屈曲模态和屈曲载荷的影响。

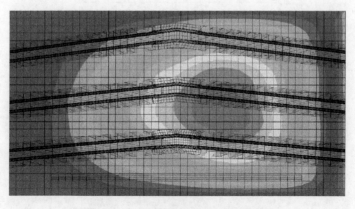

图 4-10　折线形加筋板的 1 阶屈曲模态

4.6.2 非线性屈曲分析

为了验证有限元计算结果，对其进行收敛性分析。采用一系列逐渐均匀加密网格的方案，其他条件不变，对计算结果进行比较，如表 4-5 所示。从表中可以看出，随着网格数量的增加计算精度不断提高，随着网格数量趋于无穷大，将会收敛于精确解。本章采用网格数量为 7289 个，从表中看出网格增加到 11052 后精度提高并不大，但是 CPU 计算时间增加很大，从计算效率考虑本章采用 7289 个单元。计算结果如图 4-11 所示，极限载荷为 822.5kN，轴向最大位移为4.16mm，Z 向最大位移为 21.82mm。

表 4-5 收敛性分析

网格数量	相对误差/%
3216	3.3
4097	2.7
5121	1.2
7289	0.4
11052	—

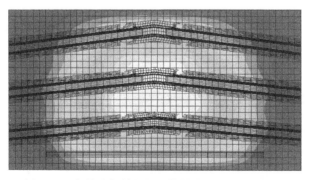

图 4-11 折线形加筋板极限载荷作用下 Z 向位移图
(UX = 4.16mm，$MAXUZ$ = 21.82mm，F = 822.5kN)

通过非线性分析得出了加筋板的载荷-位移曲线如图 4-12 所示，从图中可以看出，通过 Riks 法计算出的屈曲临界载荷为 459.5kN，低于通过线性摄动法计算出的 470.8kN，可见线性方法计算出的屈曲临界载荷是非保守的[144]，两者相差2.4%。存在这个差值主要是由于非线性分析时考虑了材料非线性、几何非线性以及初始缺陷的影响。本章在加筋板达到极限载荷 822.5kN 后，继续跟踪了载荷-位移的变化关系路径，从图 4-12 可见在后屈曲阶段，加筋板的承载力达到极限载荷后，载荷值总体趋势不断减小，产生小幅度波动但不会超过极限载荷值，没有出现二次屈曲现象。纤维增强树脂材料为脆性材料，与超弹性材料的载荷-位移曲线有显著不同，弹性材料往往能够出现二次以上的屈曲[133]。

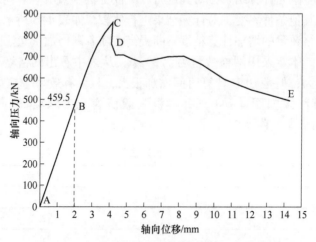

图 4-12　折线形加筋板的非线性载荷-位移曲线

图 4-12 所示载荷-位移曲线的 ABCD 端与文献 [9，60] 通过试验所得的曲线（如图 4-13 所示）形状上非常相似，由于试验中在后屈曲阶段加筋板达到极限载荷后，加筋板轴向变形剧烈，继续加载可能会对夹具和侧向支撑装置等造成损伤，所以在加筋板达到极限载荷后载荷-位移曲线产生明显的下降段后就停止加载，因此不会出现图 4-12 中出现的在极限载荷后较长的曲线 DE 段。

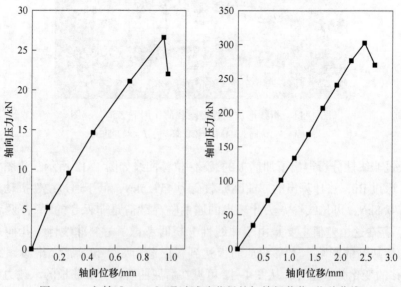

图 4-13　文献 [9，60] 通过试验获得的加筋板载荷-位移曲线

通过以上分析可以看出，本章的分析结果除 DE 段外与文献试验结果是极为相似的，证明了文章分析方法是恰当的。当然本章的曲线形加筋板与文献［9，60］中的直线形加筋板是不同的，因此进一步的试验验证是必要的。

4.7　本章小结

本章首先对复合材料折线形加筋板这一结构在飞机结构中的应用情况进行介绍，指出其屈曲、后屈曲行为分析是亟待解决的问题。其次根据第 2、3 章采用的理论展开对复合材料折线形加筋板屈曲、后屈曲行为的有限元分析，通过分析得到了屈曲临界载荷、极限载荷以及反映结构损伤扩展历程的载荷位移曲线。最后对结果进行了收敛性分析，验证了结果的合理性。

通过对复合材料折线形加筋板屈曲、后屈曲行为的分析得出以下结论：

（1）考虑初始缺陷和非线性得出的屈曲临界载荷比单纯由线性摄动法计算出的特征值屈曲载荷要小，可见由线性方法计算出的结果是非保守的，采用这一方法设计出的结构可能是不安全的。

（2）后屈曲阶段的极限载荷是屈曲临界载荷的 1.7 倍，可见后屈曲强度潜力很大，对于结构减重和提高结构强度有重大意义。

本章仅对复合材料折线形加筋板屈曲、后屈曲性能进行预测，下一章将展开试验研究，以验证本章理论分析结果。

5　复合材料折线形加筋板屈曲和后屈曲试验分析

5.1　引言

复合材料层合板结构属于各向异性材料，加筋板结构在轴向加载后的变形不同于一般的实腹式结构有其特殊性，并且其稳定性问题存在缺陷敏感性，在制造，运输、安装过程中都会对结构的性能产生影响，这些影响因素通过数值方法是很难真实准确地模拟的，同时在数值分析中不可避免地会引入各种假设，模型在一定程度上需要简化，边界条件也不可能与实际情况完全一致，采用的材料破坏准则与真实材料破坏很难完全相同，因此分析结果常常需要通过试验来验证，以证明采用理论方法的有效性。

飞机在飞行过程中，两机翼主要承受各种气动载荷[173]，其中升力占主要部分，除此以外还包括发动机振动以及其他偶然的冲击碰撞载荷等。两机翼所承担的各种载荷最终将传递至位于机翼与机身连接处的中央翼盒，可见中央翼盒是飞机结构设计中关键的承力部件。

在中央翼盒结构中，其上壁板承受面内轴向压力和面内剪切载荷，其下壁板则承受面内轴向拉力和面内剪切载荷。可见中央翼盒结构受力复杂，可将其分为上壁板和下壁板单独研究。上壁板所受剪切载荷较小以受压为主，加上薄壁结构所存在的对缺陷敏感问题，从而使得上壁板稳定性分析显得尤为关键，对于这样的主承力且形式复杂的结构构件，展开试验研究是不可缺少的。

本章对第 4 章中的计算模型复合材料折线形加筋板的屈曲和后屈曲行为进行试验研究。首先介绍试验加载设备、夹具、安装、试验过程等，然后对试验结果进行了分析，在分析结果的基础上对第 4 章有限元分析的结果进行验证。

5.2　复合材料折线形加筋板试验

5.2.1　试验件介绍

本章的试验件——折线形筋条复合材料加筋板由蒙皮和筋条两部分经过共固化胶合组成，如图 5-1 所示。试件的主要参数如表 5-1 所示。试验前对加筋板的几何尺寸进行了测量，发现三个试件均有不同程度的弓形初始弯曲，最大幅值发生在加筋板中部，各值分别如表 5-2 所示。

图 5-1　折线形筋条加筋板试验件

表 5-1　试验件主要参数

参　　数	取　　值
平板厚度/mm	4.5
平板铺层/(°)	$[\pm45/0_2/45/0_2/-45/0/45/90/-45/0_2/45/90/-45/0]_S$
加强筋厚度/mm	2.5
加强筋铺层/(°)	$[\pm45/0_3/45/90/-45/0_2]_S$
试验件数/个	3

表 5-2　试件偏移幅值

试件	偏移幅值/mm
试件一	1.5
试件二	2
试件三	1.8

5.2.2　试验加载装置

本章研究的试验件承受轴向压力，同时对实际的边界条件进行了简化处理，即：上下两端为固定支撑，左右两边为简支。从而设计出了相应的试验加载装置如图 5-2 所示。试验加载装置实物如图 5-3 所示。

图 5-2　试验加载装置模型

图 5-3　试验加载装置实物

5.2.3　试验加载设备

本试验选择加载设备为 1000kN 液压伺服试验机，设备如图 5-4 所示。该试验机可用于检测多种构件的力学性能，并可用于结构和构件以及耗能元件的抗振性能试验、构件和产品的疲劳试验以及振动与冲击试验，可以满足本章模型试验件的尺寸、安装、加载情况以及夹具的布置等需求。

图 5-4　试验加载设备

应变测量设备选用 DH3816N 静态应变采集仪，该设备系统具有全智能化的巡回数据采集功能，如图 5-5 所示。

接应变片

采集电脑

图 5-5　应变测量设备

位移测量设备选定顶杆式位移传感器，量程为 100mm，精度±2%，如图 5-6 所示。

图 5-6　位移测量设备

5.2.4　试验方案

5.2.4.1　试验夹持和加载方式

压缩试验夹持和加载方式简图如图 5-7 所示，固支端夹持宽度为 45mm，简支端夹持宽度为 20mm。该刀口夹持边仅约束试验件平面的法向位移，其约束效果与图 4-7 相同。

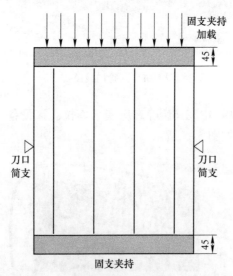

固支夹持加载

45

刀口简支　　　　刀口简支

45

固支夹持

图 5-7　压缩试验夹持和加载方式示意图

5.2.4.2　压缩试验件法向位移测量

试验过程中需要测量压缩试验件法向位移，在压缩试验件表面布置 9 个位移测量点，具体位置如图 5-8 所示。

5.2.4.3　试验件贴片要求

压缩试验件应变片粘贴位置如图 5-9 所示，正反两面对称贴片。

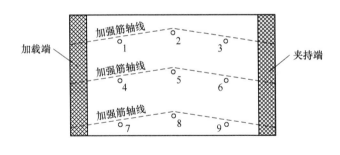

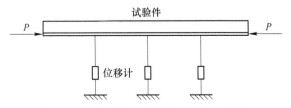

图 5-8　压缩试验件法向位移测量示意图

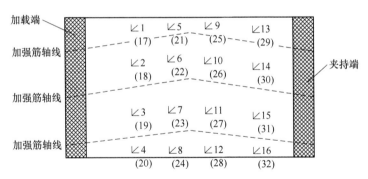

图 5-9　试验件贴片图

（括号内为无筋面应变编号）

5.2.4.4　试验载荷

压缩试验件第一次均匀施加载荷至 $P = 480$kN；第二次均匀施加载荷直至试验件失稳破坏后卸载。考虑实际中可能存在的多种因素的影响如制造加工缺陷、安装偏差、试验环境温度湿度的改变等以及复合材料结构自身强度的分散特性，试验载荷根据每组第一件试件的实际情况，可适当调整其余两件的试验载荷。

5.2.5　试验过程

试验过程由三个阶段组成。第一阶段属于预加载阶段，其主要目的是通过预先对试验夹具加载，检查加载设备及测量仪器是否能正常工作，操作方法是加载到设计载荷值的 30%时卸载；第二及第三阶段属于正式加载阶段，要求在 70%设计载荷以前按 5%设计载荷逐级加载，在 70%载荷以后按 2%设计载荷逐级加载。第二阶段加载到设计载荷的 100%时卸载，根据试验所得数据判断试验构件的工作状况是否与原设计意图一致；第三阶段加载到试验件完全破坏或者达到设计载荷的 150%，从而获得结构的极限载荷和各测点的应变、位移等试验数据。

5.3　试验结果分析及与有限元结果的比较

本节对试验数据展开分析，包括对每个试验构件所布置测点的数据值、加载过程中的变形和破坏模式以及屈曲载荷和极限荷载的分析，通过分析初步确定加筋板的轴压受力性能，并与第 4 章有限元计算结果比较来验证本书提出的理论方法。

5.3.1　试验结果分析

通过试验数据采集系统所得 1 号压缩试件测点的载荷-应变曲线及载荷-位移曲线如图 5-10 和图 5-11 所示。从图中可以看出试验件加载至 70%以后应变、位移均出现拐点，据此判断此时试验件出现失稳，失稳载荷 336kN，失稳最大应变 1300με；其余两试件试验情况与此相似。

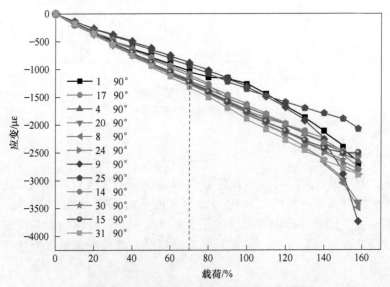

图 5-10　轴向压缩 1 号试验件载荷-应变图

三个试件的极限载荷分别为：767.3kN、717.3kN、767.2kN。根据试验过程加载记录显示，在达到极限载荷时均出现了凹陷、凸起、褶皱等变形形式，例如

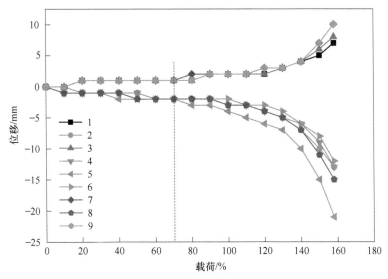

图 5-11　轴向压缩 1 号试验件载荷–位移图

图 5-12 所示的 1 号试件，壁板明显出现了凸出变形；壁板与筋条只出现小面积的开胶分离，如图 5-13 所示的 3 号试件；铝合金接头部件中 T 形筋条变形较大，极个别接头出现了损坏，如图 5-14 所示的 2 号试件。铆接部位未发现分离，如图 5-14 所示。

图 5-12　1 号压缩试验件变形明显位置

1 号和 3 号试验件在加载至临界屈曲载荷 $P = 336\text{kN}$ 和 $P = 290\text{kN}$ 附近时开始偶尔出现较大响声，2 号试验件则出现较早，证明 2 号试件在加载早期 $P = 120\text{kN}$ 时出现了局部损坏，但并没有对屈曲临界载荷和极限载荷值产生明显影响。现将

图 5-13 3 号压缩试验件筋条与壁板分离

图 5-14 2 号压缩试验件变形明显位置

三个试件的试验结果列于表 5-3。从表中可以得出以下结论：

（1）临界屈曲载荷和极限载荷均有一定的分散性，试验数据的分散性均小于 10%；

（2）试验所得复材折线形加筋板的极限载荷值均远大于（均值超过 2 倍）屈曲临界载荷值，证明本书所采用的结构为对缺陷不敏感结构[174]；

（3）屈曲临界载荷值分散性大于极限载荷值，通过试验确定临界屈曲载荷的方法可知，结构局部性能对临界屈曲载荷影响较大。

表 5-3 复合材料折线形加筋板轴压试验结果

试件编号	屈曲临界载荷实测值/kN	（实测值−平均值）/平均值×100/%	极限载荷实测值/kN	（实测值−平均值）/平均值×100/%	应变实测值/με	（实测值−平均值）/平均值×100/%
1	336	5	768.3	2	1300	8
2	335	5	716.3	5	1200	0
3	290	9	766.2	2	1100	8
平均值	320	—	750.6		1200	—

5.3.2 试验结果与有限元解的比较

将复合材料折线形加筋板轴压试验结果与第4章有限元预测结果的比较列于表5-4。从表中可以看出屈曲临界载荷与极限载荷的有限元解与试验值出现差别，屈曲临界载荷误差达到32%，原因是试验所得临界载荷受到加筋板结构初始缺陷和材料非线性的影响，而采用有限元计算临界载荷时认为结构是完善的，所得结果为非保守解；极限载荷误差为9.6%，原因是在预测承载力时第4章所采用的偏移值与试件实测值差距很大。本书将在第6章通过敏感性分析对有限元方法中代表初始缺陷的几何偏移值的取值展开讨论。

表5-4 复合材料折线形加筋板轴压试验结果与有限元结果的比较

试件编号	屈曲临界载荷/kN			极限载荷/kN			偏移值/mm		
	实测值	平均值	预测值	实测值	平均值	预测值	实测值	平均值	预测值
1	336		470.8	767.3		822.5	1.5		0.22
2	335	320	470.8	717.3	750.6	822.5	2	1.76	0.22
3	290		470.8	76.72		822.5	1.8		0.22

5.4 本章小结

本章继第4章数值分析之后对复合材料折线形加筋壁板进行了试验研究，首先对试验加载装置、试验仪器、试验方案进行了介绍，给出试验主要结果，并与第4章的数值分析结果进行了比较。得出以下结论：

（1）屈曲临界载荷与预测值差别较大；

（2）初始偏移值数值预测时采用的5%壁板厚度与实测值差别较大；

（3）复合材料折线形加筋壁板承载力值分散性均在10%以内，可见本章试验方案设计是合理的；

（4）通过试验再次证明本书的复合材料加筋板的极限载荷比屈曲临界值有大幅提高，可见复材加筋板强度可利用潜力很大，同时结构重量还可以进一步降低。

6 复合材料折线形加筋板轴压承载力敏感性分析

6.1 引言

通过第4、5章的论述可知复合材料折线形加筋板是一种对缺陷不敏感的结构，这一概念是指失稳后的平衡状态承载力比原受力状态的承载力有所提高，即极限载荷大于屈曲临界载荷。虽然属于对缺陷不敏感结构，但是由于加工制造误差和试验时试件安装等因素均会产生初始缺陷，这对结构屈曲和后屈曲模态及承载力均会有所影响，有些情况下这种影响很小可以忽略，有些情况下这种影响是不可忽略的。

通过敏感性分析可以确定结构的初始缺陷大小对承载力的影响程度，可以对构件的生产和制造在不显著影响结构承载力的前提下提出合理的允许误差值的建议。同时敏感性分析方法还可用来确定其他设计参数扰动对结构主要性能指标的影响程度。本章的敏感性分析通过编制 Python 命令流进行前、后处理及调用 ABAQUS 求解器计算，提高了计算效率和计算精度。

6.2 敏感性分析法概述

敏感性分析是指从定量分析的角度研究有关因素发生某种变化对某一个或一组关键指标影响程度的一种不确定分析技术，其实质是通过逐一改变相关变量数值的方法来揭示关键指标受这些因素变动影响大小的规律[175]。关键指标也称为评价指标，对结构的敏感性分析常采用的评价指标包括应力、应变、位移和最大承载力等。它是采用确定性的分析方法，来分析不确定性因素对结构计算的最终应力和应变状态的影响及影响程度。敏感性因素通常可选择主要参数（如模型的网格密度、结构载荷、结构位移、变形、温度载荷、铺层等）进行分析，若某参数的小幅度变化能导致应力、应变、位移等指标的较大变化，则称此参数为敏感性因素，反之则称其为非敏感性因素[176]。

目前敏感性分析根据不确定性因素变动数目的多少，可以分为单因素敏感性分析法（局部敏感性分析法）和多因素敏感性分析法（全局敏感性分析法）[177]。局部敏感性分析方法[178,179]主要包括有限差分法、摄动法和直接求导法。其应用简单、方便，但只能用来检验设计目标受单个参数变化影响的程度，适用于参数范围较小且模型简单的情况。全局敏感性分析方法[180,182]包括方差分析法、回归分析法和傅里叶幅值分析法等。其参数可以在整个定义域内变动，多个参数可同时变化，且不受模型的限制，但全局法由于需要选取大量的样本点然后计算出对应评价指标，往往导致计算量较大。

6.3 敏感性分析的基本理论及分析公式

复合材料加筋板由于其结构本身特点，在轴向受压时结构表现出很强的敏感性，各种初始缺陷发生变化时，将会直接影响到加筋板的承载能力，这些初始缺陷主要包括：几何初始缺陷、材料残余应力、加载位置偏心、材料内部的微裂缝、夹杂等。这些缺陷之间有的独立，有的相互耦合，且对结构承载力的影响程度各不相同，因此分析各初始缺陷参数的敏感性从而确定出主要因素和次要因素对于结构设计和生产制造具有重要意义。

对结构进行优化设计，以满足指定的条件为目标或用实测数据修正某些物理参数，通常都需要对设计的结构参数进行敏感性及增量分析，即分析当某些结构参数发生微小变化时，对结构的特征值和特征向量产生怎样的影响，如影响程度大，则说明这一参数改变对结构影响程度大，也就是敏感性大，因而在设计中就应重点加以考虑，以便与设计者所期望的受力状态一致。此外，通过分析结构参数变化对结构静、动力特性的影响情况，就可以确定各结构参数对结构受力状态和模态矩阵的敏感程度，使结构处于设计者所期望的受力状态下或者依据所测得的结构实际模态参数修正结构有限元模型，同时也可以为复杂有限元模型的简化提供参考。

在结构件的生产制造环节由于各种原因会产生一定的误差，敏感性分析的另一个目的是可以为结构件几何和材料参数提供一个合理的最大误差值，为生产加工过程提供必要的指导。

目前主要采用的敏感性分析理论是矩阵摄动法，这种分析方法可以避免在分析过程中不必要的重复分析，从而求解出特征值和特征向量的增量值。国内最早由胡海昌[183]和陈塑寰[184]各自独立提出。本书采用以有限元为基础的矩阵摄动法。

把一个连续的结构离散为 n 个自由度的有限元模型，通过以下方程求解结构第 i 阶特征值 λ_i 和对应的特征向量 $\boldsymbol{\phi}_i$

$$\boldsymbol{K}\boldsymbol{\phi}_i = \lambda_i \boldsymbol{M}\boldsymbol{\phi}_i \tag{6-1}$$

式中，$\boldsymbol{K}$ 表示刚度矩阵；$\boldsymbol{M}$ 表示质量矩阵，由结构参数决定，包括结构的几何、材料特性，构件连接条件及边界条件。

特征向量 $\boldsymbol{\phi}_i$ 与质量矩阵 $\boldsymbol{M}$ 满足以下正交条件

$$\boldsymbol{\phi}_i^T \boldsymbol{M} \boldsymbol{\phi}_i = 1 \quad (i = 1, \cdots, N) \tag{6-2}$$

$$\boldsymbol{\phi}_i^T \boldsymbol{M} \boldsymbol{\phi}_j = 0 \quad (i \neq j, \ i, j = 1, \cdots, N) \tag{6-3}$$

式中，i 和 j 分别表示向量的阶数；N 表示总阶数。

　　设所建立的结构的有限元模型参数集为 a，通过有限元计算得到对应的特征值 λ_i 和特征向量 $\boldsymbol{\phi}_i$。当结构参数集 a 发生微小变化（这个微小变化记为 Δa）时，刚度矩阵 $\boldsymbol{K}$ 和质量矩阵 $\boldsymbol{M}$ 均会相应发生变化，这些变化分别记为 ΔK 和 ΔM，将变化后的值分别代入式（6-1）可得：

$$(\boldsymbol{K} + \Delta K)(\boldsymbol{\phi}_i + \Delta \boldsymbol{\phi}_i) = (\lambda_i + \Delta \lambda_i)(\boldsymbol{M} + \Delta M)(\boldsymbol{\phi}_i + \Delta \boldsymbol{\phi}_i) \tag{6-4}$$

可以看出上式含有二阶以上的摄动项，属于非线性摄动问题。根据展开定理，将特征向量的改变量 $\Delta \boldsymbol{\phi}_i$ 按原结构特征向量 $\boldsymbol{\phi}_i$ 展开

$$\Delta \boldsymbol{\phi}_i = \sum_{s=1}^{N} C_s \boldsymbol{\phi}_s \quad (i = 1, \cdots, N) \tag{6-5}$$

将式（6-5）代入式（6-4），整理并忽略掉二阶以上的摄动项可得

$$\boldsymbol{K} \boldsymbol{\phi}_i + \boldsymbol{K} \sum_{s=1}^{N} C_s \boldsymbol{\phi}_s + \Delta K \boldsymbol{\phi}_i = \lambda_i \boldsymbol{M} \boldsymbol{\phi}_i + \lambda_i \boldsymbol{M} \sum_{s=1}^{N} C_s \boldsymbol{\phi}_s + \lambda_i \Delta M \boldsymbol{\phi}_i + \Delta \lambda_i \boldsymbol{M} \boldsymbol{\phi}_i$$

$$\tag{6-6}$$

式（6-6）左右两边左乘 $\boldsymbol{\phi}_s^T$，当 $i = s$ 时，由模态正则化条件有

$$(\boldsymbol{\phi}_i + \Delta \boldsymbol{\phi}_i)(\boldsymbol{M} + \Delta M)(\boldsymbol{\phi}_i + \Delta \boldsymbol{\phi}_i) = 1 \tag{6-7}$$

将式（6-7）展开，对二阶以上的摄动项忽略不计得

$$\boldsymbol{\phi}_i^T \boldsymbol{M} \Delta \boldsymbol{\phi}_i + \Delta \boldsymbol{\phi}_i^T \boldsymbol{M} \boldsymbol{\phi}_i + \boldsymbol{\phi}_i^T \Delta M \boldsymbol{\phi}_i = 0 \tag{6-8}$$

将式（6-5）代入式（6-8）得

$$\boldsymbol{\phi}_i^T \boldsymbol{M} \sum_{s=1}^{N} C_s \boldsymbol{\phi}_s + \sum_{s=1}^{N} C_s \boldsymbol{\phi}_s \boldsymbol{M} \boldsymbol{\phi}_i + \boldsymbol{\phi}_i^T \Delta M \boldsymbol{\phi}_i = 0 \tag{6-9}$$

考虑特征向量正交特性，上式可整理为

$$C_s = -\frac{1}{2} \boldsymbol{\phi}_i^T \Delta M \boldsymbol{\phi}_i \tag{6-10}$$

当 $i \neq s$ 时，考虑特征向量的正交条件

$$\boldsymbol{\phi}_s^T \boldsymbol{M} \boldsymbol{\phi}_i = 0 \tag{6-11}$$

$$\boldsymbol{\phi}_s^T \boldsymbol{K} \boldsymbol{\phi}_i = 0 \tag{6-12}$$

式（6-6）变为

$$\lambda_s C_s + \boldsymbol{\phi}_s^T \Delta K \boldsymbol{\phi}_i = C_s \lambda_i + \lambda_i \boldsymbol{\phi}_s^T \Delta M \boldsymbol{\phi}_s \tag{6-13}$$

整理后得

$$C_s = \frac{1}{\lambda_i - \lambda_s} \boldsymbol{\phi}_i^T (\Delta K - \lambda_i \Delta M) \boldsymbol{\phi}_i \tag{6-14}$$

将式（6-14）、式（6-10）代入式（6-5），得出特征向量的改变量为

$$\Delta \boldsymbol{\phi}_i = \sum_{s=1}^{N} \frac{1}{\lambda_i - \lambda_s} [\boldsymbol{\phi}_s^T (\Delta K - \lambda_i \Delta M) \boldsymbol{\phi}_i] \boldsymbol{\phi}_s - \frac{1}{2} (\boldsymbol{\phi}_i^T \Delta M \boldsymbol{\phi}_i) \boldsymbol{\phi}_s \tag{6-15}$$

上式在推导过程中忽略了高阶摄动项，因此是一个特征向量的改变量的近似值。为了求出精确解，须代入式（6-4）求解，展开后整理得

$$(K - \lambda_i M)\Delta\phi_i + (\Delta K - \lambda_i \Delta M)(\phi_i + \Delta\phi_i) = \Delta\lambda_i(M - \Delta M)(\phi_i - \Delta\phi_i)$$

$$(6-16)$$

将式（6-16）两边左乘 ϕ_i^T，由 $\phi_i^T(K - \lambda_i M) = 0$ 可得

$$\Delta\lambda_i = \frac{\phi_i^T(\Delta K - \lambda_i \Delta M)(\phi_i + \Delta\phi_i)}{\phi_i^T(M - \Delta M)(\phi_i - \Delta\phi_i)} \quad (i = 1, \cdots, N) \qquad (6-17)$$

同时还可以得到

$$(K - \lambda_i M)\Delta\phi_i = -(\Delta K - \lambda_i \Delta M)(\phi_i + \Delta\phi_i) + \Delta\lambda_i(M - \Delta M)(\phi_i - \Delta\phi_i)$$

$$(6-18)$$

令

$$G = K - \lambda_i M$$

$$f = -(\Delta K - \lambda_i \Delta M)(\phi_i + \Delta\phi_i) + \Delta\lambda_i(M - \Delta M)(\phi_i - \Delta\phi_i)$$

式（6-18）变为

$$G\Delta\phi_i = f \qquad (6-19)$$

由此式可以解得特征向量的改变量 $\Delta\phi_i$。代入式（6-17）可以解得特征值的改变量 $\Delta\lambda_i$。设 $\Delta\lambda_i$ 和 $\Delta\phi_i$ 为结构某参数集 a 发生微小扰动 Δa 后所对应的结构的特征值和特征向量的变化量，则结构的设计灵敏度可以表示为

$$L_{i,j} = \frac{\Delta\lambda_i}{\Delta a_j} \qquad (6-20)$$

式中，$\Delta\lambda_i$ 为 i 阶特征值改变量；Δa_j 为结构参数集的 j 次改变。

灵敏度是结构敏感性的大小的度量，它可以定量地衡量结构在设计参数发生改变后对各阶特征值、特征向量等的影响敏感程度，便于结构各方案之间的比较。

6.4 初始几何缺陷的描述

在实际应用中往往把材料初始缺陷、载荷初始偏心、几何尺寸误差等计入初始几何缺陷考虑，所以本书主要研究初始几何缺陷的影响。对于轴压加筋板结构，在屈曲模态已经确定的情况下，初始几何缺陷就是指加筋板的初始几何偏移值，依据生产制造工艺及试验中可能产生的偏心等因素，本书复合材料折线形加筋板的初始几何偏移值不大于4mm，又由于共固化胶接制造工艺上的原因，初始偏移均向筋条一侧偏移，因此初始几何偏移值得取值范围为1~4mm。

6.4.1 初始几何缺陷的认知不确定性模型

几何偏移值的分布区间虽然已知，但是由于开展的试验次数较少并不能得到

其在区间内的精确概率分布，在此情况下，应采用认知不确定性理论进行描述。目前，常用的认知不确定性模型为模糊集模型、区间模型、椭球模型、概率盒模型等。下面将对与本书模型相关的前三种模型展开分析研究，从而得出适合本书的不确定性模型。

（1）区间对不确定性进行描述是将不确定性变量 X 通过其可能取值的上限 ξ_h 和下限 ξ_l 进行描述，表示为区间形式记为 $[\xi_h, \xi_l]$。与概率分析方法不同，区间分析方法在区间内变量的概率分布是不能确定的，而只表示了变量的变化范围。

（2）椭球模型对不确定性向量 $X = [X_1, X_2, \cdots, X_N]^T$ 的描述为

$$X^T W X \leqslant a \tag{6-21}$$

式中，W 为正定矩阵；参数 a 为正实数；N 为向量空间的维数。由式（6-21）可见椭球模型充分考虑了变量之间的相关性。

（3）概率盒模型是由上下累积分布函数围成的一个类似盒子的区域。不确定性变量的累积分布函数不是一个确定的数，而是一个在概率盒内部变化的函数，即只知道变量的分布函数的界限，而不知道变量的确定形式。

本章所分析的加筋板的初始几何缺陷对加筋板极限承载力的影响，属于单参数即一维情况，不存在变量之间的相关性问题，因此采用区间模型计算效率高，最为合理。

6.4.2　初始几何缺陷的抽样方法

通过上节的分析可知，本章所研究的初始几何缺陷属于区间模型，为了达到用尽可能少的抽样成本使得样本点具有代表性的均匀分布于整个自变量空间，必须选择一种合适的抽样方法。传统的 Monte-Carlo 随机抽样方法效率较低，本章选择了均匀设计抽样方法，使得样本点均匀地分散于自变量的空间。将区间 [0，4] 以 0.1mm 为单位分为 40 个区间，共 41 个样本点进行抽样。

6.5　Python 语言在 ABAQUS 中的应用

6.5.1　Python 语言的特点

本章选用 Python 语言进行敏感性分析，是由于它具有传统语言的强大性和通用性，同时也借鉴了简单脚本和解释语言的易用性[185]，同其他面向对象的高级语言一样，Python 语言可以定义各种类型的参数和变量，拥有功能丰富的函数库、流程控制语句以及用户程序等语言内容。同时它能够在各种平台上实现多种功能的运用，当前常用的许多软件都是采用 Python 语言进行开发和设计的。概括地讲，Python 语言的主要特点包括面向对象、简单高效、可移植性、可扩展性、动态性，而且软件的源代码是开源的，方便用户的应用和开发。

6.5.2 Python 语言与 ABAQUS 软件

ABAQUS 软件是国际公认的大型通用的有限元软件之一，对于非线性问题具有强健的计算功能，广泛应用于航空、航天、航海、机械、工业与民用建筑、化工等众多领域中。随着 ABAQUS 应用领域的不断拓展和深入，软件自身的功能逐渐不能满足用户的一些个性化的使用要求，为了满足用户不断提出的新需求，ABAQUS 提供了二次开发接口，其中基于 Python 语言的接口，主要是为用户提供用于前后处理的二次开发途径。本章针对所分析的复合材料折线形加筋板后屈曲——这一高度非线性行为选择了 ABAQUS 软件，同时将 Python 语言作为前后处理开发工具实现参数化建模和数据的处理工作，调用 ABAQUS 求解器计算出极限载荷，并绘制出载荷-初始偏移曲线，实现对加筋板承载力的敏感性分析。

6.6 复合材料折线形加筋板的灵敏度分析

复合材料加筋板在制造过程中不可避免地会产生温度残余应力，以及生产加工误差等，这些因素会造成加筋板结构在几何和材料方面的初始缺陷。当加筋板作为轴心受压构件时，初始缺陷的分布和幅值对加筋板的承载能力的影响是工程界关注的一个热点问题。

6.6.1 灵敏度分析流程介绍

本章的灵敏度分析主要针对复合材料折线形加筋板的初始几何缺陷对极限载荷的影响情况。分析模型与第 4 章分析模型相同，由于在实际应用中往往把材料初始缺陷、载荷初始偏心、几何尺寸误差等计入初始几何缺陷考虑，所以本章主要研究初始几何缺陷的影响。

由第 4 章分析可知，该模型一阶屈曲特征值与二阶特征值差别较大，所以选取一阶屈曲模态作为初始几何缺陷的变形，二阶及以上屈曲模态不考虑。选择不同的幅值作为设计参数，利用 ABAQUS 计算出对应的屈曲模态、特征值，然后再计算出对应的极限载荷。

初始偏移均向筋条一侧偏移，取值为正。初始极限偏移以 0.1mm 为单元，从偏移为 0 计算至 4mm，Python 编制 ABAQUS 命令流程序，进行参数更新、计算出相应的极限载荷、数据处理等，程序流程图如图 6-1 所示。

6.6.2 灵敏度计算结果分析

将计算值输出到结果文件，根据初始偏移值和对应的极限载荷可以绘出几何初始偏移-极限载荷曲线如图 6-2 所示。从图 6-2 中可以看出初始偏移在 0.5mm 以内，对极限载荷的影响很小。

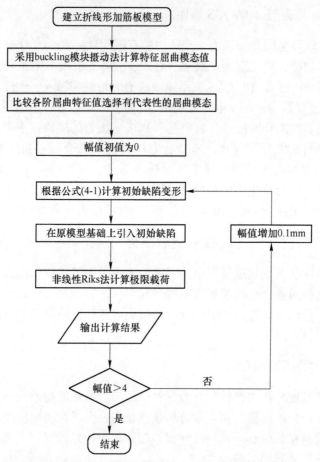

图 6-1　Python 命令流计算不同初始偏移值流程图

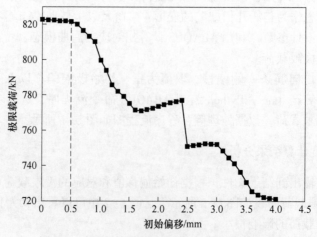

图 6-2　折线形加筋板初始偏移–极限载荷曲线

选取图 6-2 中有代表性的点计算出初始偏移和极限载荷值的相对变化量如表 6-1 所示。从表中可以看出，偏移值在 0.5mm 时极限载荷变化仅 0.2%，而此偏移值已经达到板厚的 11.1%，因此从本书的模型可以得出初始偏移值取板厚的 10% 以内的值，对极限载荷的影响较小且影响效果差别不大，这一结果可以解释本书 4.4 节中偏移系数 β_1 各文献推荐的取值以及文献 [186] 推荐的取值 5% 也是本书在第 4.4 节中的取值，其值均在本书得出的 10% 以内。从图 6-2 中可以看出，初始偏移值在不同区间变化率是不同的，应避免偏移值取值在陡降段，这样将会对承载力产生较大影响。从表 6-1 可见当极限载荷变动达到工程允许的最大误差 10% 时，偏移幅值为 3.3mm，为板厚的 73.3%，表示本书的加筋板工程上允许的最大偏移值，即包括加工、安装各种残余应力引起的误差最大值为 3.3mm。在初始偏移值接近 2.5mm 时，极限载荷值下降很快，原因是在这种情况下，初始偏移值使原轴向力产生了较大的附加弯矩值。由图 6-2 可知最大的初始偏移 4mm 极限载荷仍然高达 721.3kN，远大于第 3 章求出的 480.7kN 的特征值临界屈曲载荷，由此可见本书所研究的加筋板结构为缺陷不敏感结构。

表 6-1 初始偏移极限载荷比较

偏移幅值/mm	0	0.5	1	1.32	1.5	2	2.5	3	3.3
偏移率/%	0	11.1	22.2	29.3	33.3	44.4	55.6	66.7	73.3
极限载荷值/kN	822.7	821.5	799.6	781.5	775.1	773.6	751.1	750.2	741.3
极限载荷变化量/kN	0	1.2	23.1	41.2	47.6	49.1	71.6	72.5	81.4
极限载荷变化率/%	0	0.2	2.8	5	5.7	6	8.7	8.8	10

注：1. 表中相关参数定义为

$$偏移率 = \frac{偏移幅值}{蒙皮厚度} \times 100\%$$

$$极限载荷变化量 = 完善模型的极限载荷 - 模型有初始偏移的极限载荷$$

$$极限载荷变化率 = \frac{极限载荷变化量}{完善模型的极限载荷} \times 100\%$$

2. 完善模型的极限载荷为 822.7kN。

由公式 (6-20) 可得初始偏移与极限载荷灵敏度特征值点如表 6-2 所示，初始偏移从 0 到 2.5mm 所对应的灵敏度曲线如图 6-3 所示，从中可以看出灵敏度在初始偏移值 0.5mm 以下较小，0.5~1.2mm 斜率增长很快，到 1.6mm 敏感度达到最大值，之后逐渐下降，可见灵敏度存在极值。

表 6-2 初始偏移与极限载荷灵敏度

偏移幅值/mm	0	0.5	1.0	1.32	1.5	2.0	2.5
灵敏度	—	2.4	23.1	31.2	31.7	24.6	28.6

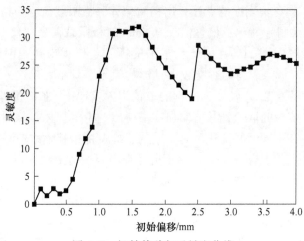

图 6-3　初始偏移与灵敏度曲线

6.6.3　敏感性分析结果与试验对比

从敏感性分析结果中提取出与第 5 章试验偏移值相对应的结果列于表 6-3，再提取出极限载荷变动达到工程允许的最大误差 10% 即复合材料工程允许的最大初始几何偏移值（以下简称最大偏移值）对应的极限载荷与试验结果的比较如表 6-4 所示。表 6-3 中的平均误差为 2.73%，而表 6-4 中相应值为 3.41%，均远小于第 4 章预测结果误差 9.6%。由于表 6-3 采用实测偏移值计算极限载荷，而表 6-4 采用最大偏移值计算极限载荷，因此表 6-3 的结果更接近试验值，而对于实测结果不易获得的情况表 6-4 的结果也是相当不错的。因此，采用本书的有限元理论预测方法，同时考虑到加筋板的最大偏移值可以较准确地估计出承载力。当然，如果采用 Lanzi[187] 所使用的方法：首先在真实加筋壁板表面划分网格，边长为 10mm，然后采用移动探测器（displacement controlled probe）逐点测量其平面外的位移，最后将测得的数据叠加到数值模型上进行计算，这样建立的有限元模型将能够更真实地反映出加筋板实际初始几何外形，据此计算的加筋板轴压承载力无疑更接近试验值。然而 Lanzi 所采用的方法过于繁琐，很显然不便于工程上使用，本章采用实测的偏移值和最大偏移值计算的结果均能够满足工程要求。

表 6-3　敏感性分析结果与试验结果比较

试件编号	实测偏移值 /mm	极限载荷值/kN		误差/%	平均误差/%
		试验值	敏感性分析结果		
1	1.5	767.3	775.1	1.00	
2	2	717.3	773.6	7.80	2.73
3	1.8	767.2	771.8	0.60	

表 6-4　最大偏移值对应的极限载荷与试验结果的比较

试件编号	实测偏移值 /mm	极限载荷值/kN		误差/%	平均误差/%
		试验值	最大偏移值 对应的极限载荷		
1	1.5	767.3	741.3	3.51	
2	2	717.3	741.3	3.24	3.41
3	1.8	767.2	741.3	3.49	

6.7　本章小结

本章首先对敏感性理论进行了阐述，然后选择了合理的初始几何缺陷模型和抽样方法，介绍了通过 Python 语言开发的敏感性分析程序，最后通过程序分析结果得出以下结论：

（1）对本章的分析模型，初始偏移值达到板厚的 73.3%，即 3.3mm 时，轴压极限载荷误差为 10%。这一分析过程可以作为生产加工、安装中对结构的最大误差值的一种控制方法，以本章计算模型为例，即如果要求加筋板的极限载荷误差为 10%，则生产加工允许的板件厚度方向最大偏移值为 3.3mm。

（2）偏移值的取值应避开偏移值–载荷曲线的陡降段，因为这里的取值对承载力的影响较大。

（3）第 4 章的有限元分析如采用最大偏移值，预测结果的准确性会有所提高，如果采用实测的偏移值，将得到与试验值更加接近的预测值。

7 复合材料折线形加筋板屈曲及后屈曲优化设计

7.1 引言

通过前面章节对复合材料折线形加筋板屈曲及后屈曲性能的理论分析和试验验证，形成了可靠的有限元分析理论和针对模型的合理简化，在此基础上本章对该模型展开了优化设计。

优化设计方法在飞行器设计中有着十分广泛的应用，对其研究也不断深入，相关理论发展很快。优化设计通常是针对具体工程问题先建立优化数学模型，然后选择合理的优化策略和方法，凭借现代计算机技术，采用迭代方式得到既能满足约束条件同时又使目标函数得到最优的结果。结构优化可以分为三种类型：尺寸优化、形状和几何优化、拓扑优化，本章对复合材料加筋板分别进行了这三种类型的优化。优化设计问题可以等效为数学上的求极值问题，其理论基础是数学规划，而数学规划包括线性规划和非线性规划两种，分别采用不同的求解方法，本章采用序列二次规划法求解非线性规划问题。

无人机的飞行性能在很大程度上取决于机翼的结构性能。因此为了提升无人机的飞行性能，以期达到结构轻量化、高刚度、高强度设计的要求，本章针对取自机翼典型件的复合材料折线形加筋板的优化设计展开了研究工作。针对优化过程中存在的多变量、多约束、多峰值的特点应用合理的优化方法，分别对加筋板筋条、壁板的铺层厚度、铺层顺序、筋条数量以及连接部件材料展开优化设计。

本章首先回顾优化设计方法的发展历程、在飞机设计中的应用现状，然后对结构优化设计的常用方法展开了研究，在此基础上提出了适合本书模型特点的优化策略。在对本书的模型进行优化设计后，达到了减重、提高强度的设计目标。

7.2 优化理论

7.2.1 优化设计方法发展历程及在飞机设计中的应用现状

优化设计亦称为最优化设计，是应用最优化方法对问题进行设计的一种现代设计方法[188]。最早对优化方法做出贡献的科学家是300年前的牛顿（Newton）、柯西（Cauchy）等人。牛顿和莱布尼茨（Leibnitz）发明了具有优化思想的微积分学，而柯西提出用最速下降法来求解无约束优化问题[189]。

在结构工程领域我国早在隋朝时期的工匠李春所设计的赵州桥就体现出了结构优化设计的思想。近现代有影响的工作是 1904 年 Michell[190]对 Maxwell[191]等人的思想进行了扩充，提出了最小体积桁架优化设计理论，由于仅针对单一载荷应力约束下桁架结构的体积最小化问题，所以工程应用价值不大，但是这一理论的提出标志着现代结构优化设计的开端，对结构优化设计的发展具有重大的指导意义。

对飞机结构部件级的优化始于第二次世界大战期间军事上的需求，其优化方法是基于同时破坏设计这一思想。基于这一理论 Cox[192]等人和 Zahorski[193]最早提出用非线性方程组代替优化模型，用多边形的顶点代替最优点。在 20 世纪 50 年代，"结构指数"[194]这一概念成为热点，它是当时常用的设计指标和工具，并为后来飞机结构优化的发展奠定了基础。40 年后，Haftka[195]就是基于这一概念提出了著名的响应面法。1955 年，Klein 等人[196]将许多结构优化问题归结为数学规划问题，并指出不等式约束是约束条件的一种重要形式。1958 年，Pearson[197]在对桁架塑性破坏条件下的最小重量设计展开研究时，归纳出了现代优化设计的基本步骤。以上学者的工作为现代结构优化设计理论与方法奠定了基础。

1968 年 Prager[198]为了提高优化效率，将搜索结构最优解的问题转化为寻求满足结构某一设计准则解的问题，从而提出了优化准则法。其缺点表现在建立迭代公式时常常需要引入与所研究的问题有关的假设，限制了该方法的通用性。

20 世纪 70~80 年代，考虑到优化准则法和规划法各自的优缺点，有学者将两者结合起来使用，Fleury 与 Schmit[199]合作将对偶法与近似概念相结合，并编制了 ACCESS 3 结构优化软件。1994 年 Vanderplaats 等人[200]利用对偶理论与近似概念相结合进行了几何优化研究。由于对偶法对变量维数不敏感，使得它在结构优化设计领域中引起了广泛的关注。

由于航空航天领域的结构设计存在对重量的高度敏感的问题，因此优化理论发展较快，1978 年由 Schmit 等人[201]提出了多级优化方法，在复合材料加筋板屈曲的优化设计中成功应用。20 世纪 80 年代，Balabanov 等人[202]利用响应面技术，获得了具有比传统的飞机结构重量方程精度更高的效果。余雄庆等人[203]采用类似于并行子空间设计算法进行了电动无人飞机一体化设计。Lin 等人[204]利用模糊推理法、田口分析法（Taguchi Mechod）以及神经网络映射法进行了飞机结构、动力一体化设计。

7.2.2　试验设计（DOE）方法

试验设计是运用数理统计学理论，对试验进行周密安排，得到试验数据，或对试验数据进行合理分析，得出客观公正的结论。

　　试验设计方法可以用于研究设计变量变化对目标函数和约束条件的影响情况，还可以用来获得设计空间的性质和参数等。它具有设计变量筛选功能，即能够从大批的输入变量中挑选出对设计目标影响显著的设计变量，然后再针对这些挑选出的设计变量进行优化，使问题规模缩小，提高优化效率。此外，从试验设计方法所获得的特征性的样本数据中，可以方便地拟合出响应面模型，得到优化问题的近似最优解。

　　试验设计要解决的主要问题之一是筛选出对设计目标有重要影响的设计变量。根据要解决问题的性质，可以将试验分为两类，即单因子试验和多因子试验。单因子试验，通过对单个因子取不同的质量水平和数量水平，从而确定响应值的变化规律或变异情况。多因子试验是在单因子试验的基础上，还能分析各个因子间的相互耦合效应，根据选取的因子数量又可以分为两类，包括部分实施试验和全因子试验。常用的是部分实施试验，主要方法包括拉丁方设计、正交试验设计等。

　　试验设计所采用的方法有很多，根据目标和因素数目的不同，可以分为全因子试验设计、部分因子试验设计、筛选试验设计、正交设计、可靠设计及田口动态可靠设计等。本章采用了应用最广泛的正交设计方法。

7.2.2.1　试验方案安排

　　在进行试验时，应根据经验和专业知识作出判断，尽量剔除掉对指标影响不大或能控制好的因素，而挑选对指标影响较大但又没有把握的因素，确定出各个被考察因素的水平。然后根据因素和水平的大小选用合适的正交表安排试验，正交表的选用原则是：

　　（1）一个因素占一个列号，且每个列号上最多只能有一个因素，列号数要多于因素数，允许有空列出现；

　　（2）因素水平数必须与表头中列号水平数一一对应；

　　（3）当需要考虑两个因素之间的交互作用时，需要使用完备正交表。

7.2.2.2　试验结果分析

　　使用正交表布置试验，当得到试验数据后，就可以对试验结果进行分析。分析要做到以下几点：

　　（1）试验指标被试验的各因素影响的程度；

　　（2）当每个因素各取不同水平时，分析指标变化的规律；

　　（3）找出因素水平的最佳组合；

　　（4）为进一步试验确定方向。

对试验结果的分析常采用的是方差分析法，样本方差定义为

$$\sigma^2 = D(y) = E\{[y - E(y)]^2\} \tag{7-1}$$

式中 $E(y)$——y 的数学期望。

方差估计值采用下式计算

$$\hat{\sigma}^2 = \frac{S}{f} \tag{7-2}$$

$$y = (y_1, y_2, \cdots, y_n) \tag{7-3}$$

$$S = \sum_{i=1}^{n} (y_i - \bar{y})^2 \tag{7-4}$$

式中 S——试验数据的偏差平方和；

f——S 的自由度。

将各种试验因素与试验误差的方差进行比较就可以更好地控制试验因素，同时为进一步的试验指明方向。对最终所得结果进行归一化排序就可以得到对目标函数影响显著的那些设计变量。

7.2.3 遗传算法（GA）

遗传算法（Genetic Algorithm，GA）是一种通过模拟自然界中生物进化过程来解决最优化问题的计算方法。这一算法最早于 20 世纪 60 年代由 John Holland 教授提出。基本遗传算法具有下述特点：

（1）要首先形成一组群体编码，称为候选解，搜索从候选解开始；

（2）全局搜索能力强，通常不会局限于搜索局部极值点；

（3）对目标函数的光滑性要求不高，即无需计算梯度和海赛（Hessian）矩阵；

（4）适应性强，当目标函数可行域不连续时也可进行优化。

大量实践表明，对许多复杂优化设计问题的求解，遗传算法是一种计算效率较高的方法。

7.2.3.1 基本遗传算法操作过程

采用遗传算法对问题进行优化的步骤是首先对可行域内的每一个点进行编码，然后在所有的编码中随机选择出部分编码作为进化起始点，称为第 1 代编码组，并计算出该编码组中每一编码对应的目标函数值，即编码的适用度；接着依照适用度高的编码尽可能多留存作为样本，适用度低的编码尽可能少地保留作为样本甚至淘汰的原则，在第 1 代编码组中挑选编码作为编码样本。之后通过交叉和变异两种繁殖方式对所挑选的编码样本进行进化，交叉是对随机挑选的两个编码的某几位进行交换；变异是对编码中的某一位进行取反运算。通过选择—繁殖这一过程就得到了第 2 代编码，不断重复这一过程就产生了第 3 代…第 i 代…，直到第 n 代满足终止条件，则第 n 代中适用度最高的编码所对应的值就是优化问题的最优解。遗传算法的一般运行过程如图 7-1 所示[206]。各主要过程的参数计算如下[207]。

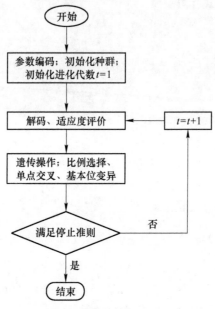

图 7-1　遗传算法流程图

A　编码方法

基本遗传算法的种群个体编码方法常采用长度固定的二进制符号串来表示，对于任意实变量 x，其二进制编码方法是：设 $[x_{\min},\ x_{\max}]$ 为变量 x 的取值范围，若利用长度为 l 的二进制编码来表示该变量参数，则有

$$X = b_l b_{l-1} \cdots b_2 b_1 \tag{7-5}$$

其中，b 取 0 或者 1。则可得这种编码精度为

$$\delta = \frac{x_{\max} - x_{\min}}{2^l - 1} \tag{7-6}$$

与式（7-5）对应的解码公式是

$$x = x_{\min} + \delta \cdot Dec(X) \tag{7-7}$$

其中

$$Dec(X) = \sum_{i=1}^{l} b_i 2^{i-1}$$

B　个体适应度评价

适应度在基本遗传算法中用来衡量当前种群中每一个个体遗传到下一代种群中的可能性，适应度值高则这种可能性就大，成正比关系。这种正比关系可以用概率来计算。因此需要将目标函数 $f(x)$ 转化为个体的适应度函数 $F(x)$。

对于求目标函数最大值的优化问题，转化为

$$F(x) = \begin{cases} f(x) - C_{\min} & f(x) > C_{\min} \\ 0 & f(x) \leqslant C_{\min} \end{cases} \tag{7-8}$$

其中 $C_{\min}$ 选取预先给定的一个较小的数，这个数是最近几代或者当前代种群中的目标函数最小值。

对于求目标函数最小值的优化问题，转化为

$$F(x) = \begin{cases} C_{\max} - f(x) & f(x) < C_{\max} \\ 0 & f(x) \geqslant C_{\max} \end{cases} \tag{7-9}$$

其中 $C_{\max}$ 选取预先给定的一个较大的数，这个数是当前代或者最近几代种群中的目标函数最大值。

C 比例选择算子

复制当代种群中的优秀个体到下一代种群中是由比例算子按照与个体的适应度成正比的概率来进行的。选择优秀个体的比例大小的过程如下：

（1）逐个计算每个个体的相对适应度值 F_i^r

$$F_i^r = \frac{F_i}{\sum\limits_{j=1}^{M} F_j}, \ i = 1, \cdots, M \tag{7-10}$$

式中，M 为种群规模。

（2）计算每个个体的累积概率 q_i

$$q_0 = 0$$
$$q_i = \sum\limits_{j=1}^{i} F_j^r, \ i = 1, \cdots, M \tag{7-11}$$

（3）产生一个均匀随机数 $r \in (0, q_m]$；

（4）如果 r 满足 $q_{r-1} < r \leqslant q_i$，则选择第 i 个个体，$i = 1, \cdots, M$；

（5）重复（3）~（4）M 次，可得到 M 个复制的个体。

D 单点交叉算子

单点交叉算子的操作过程如下：首先从种群中随机选择两个个体；随机设置选中的这两个个体编码中某一基因座为交叉点；对交叉点前后的两个个体的部分染色体相互交换；分别生成了两个新的个体。

E 基本位变异算子

基本位变异算子的运行过程是：依据设定的概率对个体的每一基因座设定变异点，对其基因值用其他个体的等位基因取代或者做非运算，这样就产生了一个新的个体。

F 控制参数

为了提高选优的效果需要对遗传算法中的某些参数进行控制，这些参数主要包括[208]：

(1) 群体容量或称为种群规模数；

(2) 进化代数；

(3) 交叉概率；

(4) 变异概率；

(5) 字符串中所含字符的个数，即串长。

7.2.3.2　遗传算法的收敛定理和停止准则

基本的遗传算法可以采用一个齐次的马尔可夫链表述[207]

$$P_t = \{P(t),\ t \geqslant 0\} \tag{7-12}$$

基于上述模型，基本遗传算法的收敛定理是：

(1) 基本遗传算法以小于 1 的概率收敛于最优解；

(2) 遗传算法使用保留最佳个体的策略，因此能收敛于最优解的概率为 1。

停止准则规定了基本遗传算法在什么情况下才终止进化过程，它通常有以下两种方式[208]：

(1) 通过控制计算规模，即限制分析模块最大计算量或者通过预先指定最大的优化代数；

(2) 通过控制收敛性能，即相邻两个进化代之间的在线性能和离线性能的差别如果小于预先设定的阈值时，说明优化结果已经达到规定的要求，算法终止。

7.2.3.3　遗传算法的改进

在遗传算法的实际应用中，设计人员发现了这种方法存在的缺点，即在有些情况下会过早地收敛于目标函数的局部最优解，从而导致得到全局最优解非常困难。其主要原因包括两方面：首先是由于目标函数自身的特性造成的，如函数具有欺骗性；其次是由于算法本身设计不当。因此，在原方法的基础上，很多学者提出了对基本遗传算法的各种各样的改进方案。例如：针对原方法选择编码时按一定比例选择的方案，提出了排序挑选、竞争选择等改进方案；针对原方法的二进制编码长度不变的方案，提出了改进的实数编码、动态编码等方案；针对原方法中各控制参数在进化过程中不变的情况，提出了自适应遗传算法、退化遗传算法等。

本书在全局优化阶段采用了多岛遗传算法（MIGA），它是传统遗传算法的改进，相同点是每个设计点都通过一个适应度值来评价，它是建立在目标函数值和约束函数值基础上的；不同点是将原种群化分为若干个子种群，也称为"岛屿"，在各岛屿内相当于一个小生境，在此对个体进行选择、交叉和变异，同时定期在不同岛屿之间传递个体信息，这种操作成为"移民"。MIGA 在原 GA 的基础上还增加了样本的多样性，增强了多峰搜索能力，具备了并行搜索的能力，使得全局搜索能力和计算效率都显著提高。

7.2.4 响应面法（RSM）

鉴于本书所分析模型的特点，本节采用了响应面模型技术。响应面方法的预测能力受设计空间样本点的分布情况和设计变量数目的影响，同时设计变量的分布还会影响计算的成本。因此，本章首先展开了试验设计，通过筛选对响应贡献大的变量，实现样本点在设计空间的合理分布。

响应面法是应用最早的一种近似方法[209]，它采用多项式函数来近似仿真程序的响应。通常响应面方法的建立主要包括三步：应用回归分析获得近似的响应曲面；采用试验设计获得误差最小的响应设计点的集合；通过近似响应曲面进行最优化预测。响应面方法可以仅采用简单的代数形式，所以计算简单；根据目标函数本身的性质确定最优解；应用合理的回归模型，可以拟合复杂的响应关系。该方法具有良好的鲁棒性。

对于复合材料壁板稳定性分析设计优化而言，采用响应面近似建模的优势在于：

（1）对于数值计算时间较长的优化问题，通过响应面法建立近似模型，可以显著提高计算效率；

（2）可以去除设计空间的各种扰动，避免寻优结果出现局部极值的问题；

（3）能够通过先前数据预先估计出近似最优解。

响应面可以定义为，响应 y 同一组输入变量 x_1，x_2，$\cdots$，x_n 之间存在函数关系式

$$y = y(x_1, x_2, \cdots, x_n) \tag{7-13}$$

通过上式确定的空间曲面称为响应面。

响应面方法是采用多项式形式函数来近似优化问题的物理模型。对于比较简单的模型响应多采用一阶、二阶多项式的函数。

一阶多项式响应面表达式为

$$y = \beta_0 + \sum_{i=1}^{n} \beta_i x_i \tag{7-14}$$

二阶多项式响应面表达式为

$$y = \beta_0 + \sum_{i=1}^{n} \beta_i x_i + \sum_{i=1}^{n} \beta_{ii} x_i^2 + \sum_{i<j} \sum_{j=1}^{n} \beta_{ij} x_i x_j \tag{7-15}$$

式中　β_i，β_{ii}，β_{ij}——回归系数；

　　　　n——响应面法所采用的设计变量的总个数；

　　　　x_i——输入的设计变量中的第 i 个；

　　　　　　　y——模型响应。

　　作为多项式系数的回归系数是待求的未知量，通常通过最小二乘法求得，即回归系数的取值应该满足条件：使响应的预测值与真实值之间的误差平方和最小。把已知的样本点的值代入到响应面的表达式中，可求出回归系数，计算公式如下

$$\boldsymbol{\beta} = [X^T X]^{-1} X^T Y \tag{7-16}$$

式中　$\boldsymbol{\beta}$——回归系数组成的列向量；

　　　　X——样本点的设计变量组成的矩阵；

　　　　Y——样本点的响应值组成的列向量。

　　显然，采用一个多项式达到在设计变量的整个空间内合理逼近实际函数是不可能的，响应面法多采用这些近似多项式中的一项或者多个。如果系统有高阶响应，则必须采用更高阶的多项式。

　　响应面近似模型生成后，还须对其是否能够准确地描述原问题模型进行评估。评估方法是计算响应面模型的预测值与已知值的最大误差、平均误差和均方根误差，如不满足设计精度要求，可考虑增加试验设计次数或采用更高阶的响应面函数，对响应面进行评估的样本点不能与生成响应面的样本点相重合。

7.2.5　序列二次规划法（SQP）

　　序列二次规划法是将二次规划问题的求解方法推广应用于求解一般非线性规划问题的一种序列寻优方法[210]。这种方法是目前公认的求解非线性优化问题的最有效方法之一，它的突出优点是收敛性好，在最优点附近序列二次规划法具有超线性收敛速度；计算效率高，它不但可以求解传统的等式约束优化问题，而且对不等式约束优化问题的处理也很简便；边界搜索能力强，具有全局收敛性，因此受到众多学者的关注和应用。但是由于序列二次规划法是将求解一般非线性规划问题化为求解一个或者多个二次规划子问题的迭代过程，随着需要求解问题规模的不断扩大，所需的计算量和存储空间将迅速增大。因此，目前该方法只用于求解中小型的优化设计问题。针对本书计算模型存在的几何变形非线性及材料力学行为的非线性，采用序列二次规划法求解复合材料加筋板屈曲、后屈曲优化问题的局部最优解。

　　序列二次规划法的一般形式：对于一般的非线性规划问题

$$
\begin{aligned}
\min \quad & f(x) \\
\text{s.t.} \quad & \begin{cases} h_i(x) = 0, \ i \in E = \{1, \ 2, \ \cdots, \ m\} \\ g_i(x) = 0, \ i \in I = \{m+1, \ m+2, \ \cdots, \ l\} \end{cases}
\end{aligned} \tag{7-17}
$$

式中，$f(x)$ 和 $h_i(x)$、$g_i(x)$ 为 n 元实函数，并且有一个至少是非线性的。

序列二次规划法的基本思路是[211]：在每一迭代点 $x^{(k)}$，先构造一个二次规划的子问题，然后以这个子问题的解作为迭代的搜索方向 d_k，沿这个方向进行一维搜索，其表达式为

$$x^{(k+1)} = x^{(k)} + \alpha_k d_k \tag{7-18}$$

由上式可得 $x^{(k+1)}$。重复上述迭代过程，直至数列 $\{x^{(k+1)}(k = 0, 1, 2, \cdots)\}$ 与原优化问题的真实解的差值足够小。

构造二次规划子问题的方法是：设非线性规划问题 [式 (7-17)] 中，目标函数为非线性，在一迭代点 $x^{(k)}$ 处，对目标函数 $f(x)$ 作泰勒展开，取到二阶项，得

$$f(x) = f(x^{(k)}) + \nabla f(x^{(k)})^T (x - x^{(k)}) + \frac{1}{2}(x - x^{(k)})^T H_k (x - x^{(k)})$$

其中
$$H_k = \begin{bmatrix} \dfrac{\partial^2 f(x^{(k)})}{\partial x_1^2} & \dfrac{\partial^2 f(x^{(k)})}{\partial x_1 \partial x_2} & \cdots & \dfrac{\partial^2 f(x^{(k)})}{\partial x_1 \partial x_n} \\ \dfrac{\partial^2 f(x^{(k)})}{\partial x_2 \partial x_1} & \dfrac{\partial^2 f(x^{(k)})}{\partial x_2^2} & \cdots & \dfrac{\partial^2 f(x^{(k)})}{\partial x_2 \partial x_n} \\ \vdots & \vdots & & \vdots \\ \dfrac{\partial^2 f(x^{(k)})}{\partial x_n \partial x_1} & \dfrac{\partial^2 f(x^{(k)})}{\partial x_n \partial x_2} & \cdots & \dfrac{\partial^2 f(x^{(k)})}{\partial x_n^2} \end{bmatrix}$$

为点 $x^{(k)}$ 处的海赛（Hesse）矩阵。这样就得到了在迭代点 $x^{(k)}$ 处的一个近似二次规划问题

$$\begin{aligned} \min \quad & \frac{1}{2}s^T H_k s + \nabla f(x^{(k)})^T s \\ \text{s.t.} \quad & \begin{cases} \nabla h_i(x^{(k)})^T s + h_i(x^{(k)}) = 0, \ i = 1, 2, \cdots, m \\ \nabla g_i(x^{(k)})^T s + g_i(x^{(k)}) = 0, \ i = m+1, m+2, \cdots, l \end{cases} \end{aligned} \tag{7-19}$$

其中
$$s = x - x^{(k)}$$

然后求解此二次规划问题，可得问题 [式 (7-17)] 的最优解。

7.2.6 粒子群算法（PSO）

粒子群算法（Particle Swarm Optimization, PSO）是模拟自然界中生物鸟群觅食行为来解决优化方法问题的一种计算模型，最早是由 Eberhart 和 Kennedy 在 1995 年提出的。

7.2.6.1 粒子群算法基本理论

粒子群算法的求解思路是在优化问题中每一个可能的解都可以看作是 n 维搜

索空间内的一个点,这个点称为"粒子"(particle),每个粒子具有三个属性,它们是:位置或称为适用值(fitness value)由目标函数决定;速度,它可用来确定每个粒子飞行的距离和方向;到目前为止粒子所发现的最好位置。每个粒子通过自身目前发现的最好位置和从整个粒子群体中获得的最好位置信息进行比较判断,然后修正自己的速度,接着更新位置,不断重复以上过程,最终得到最优解。

粒子更新自己的速度和位置的公式如下

$$\left.\begin{array}{l} V_k^i = \omega V_{k-1}^i + c_1 r_1 (Pbest^i - X_{k-1}^i) + c_2 r_2 (Gbest_{k-1}^g - X_{k-1}^i) \\ X_k^i = X_{k-1}^i + V_k^i \end{array}\right\} \tag{7-20}$$

式中,ω 为惯性权重;c_1 和 c_2 为加速因子;r_1 和 r_2 为在区间 [0,1] 内的随机数;V 为速度;X 为粒子位置;上标 i 表示粒子;下标 k 表示进化代数;$Pbest^i$ 为第 i 个粒子在当前这一代的个体最好位置;$Gbest_{k-1}^g$ 为所有粒子在第 $k-1$ 代的总体最好位置。

粒子群算法的主要优点包括:收敛速度快、鲁棒性强等;与遗传算法所采用的通过种群个体之间的交叉、变异更新群体不同,粒子群算法的每个粒子利用自身的记忆和从整体中获得的知识更新自己的速度和位置,因此需要调整的参数较少;便于实现,易于描述。然而粒子群算法的一个缺点是容易产生局部最优,过早收敛。

本书的复合材料层合板铺层顺序属于离散变量,针对粒子群算法的以上特点,本书在经过复合材料层合板铺层厚度优化后,进一步采用离散变量的粒子群算法对铺层顺序展开优化,与传统算法相比优化效率大大提高。

7.2.6.2　基于交换离散粒子群算法的层合板铺层顺序优化

针对复合材料层合板铺层顺序优化非连续性的特点,本书采用交换离散粒子群算法。下面介绍交换离散方法、主要参数的运算方法和计算流程。

A　层合板铺层离散化方法

对于给定层合板总厚度、各角度铺层占总厚度比例、载荷工况的前提下,以承载力最大为设计目标,对铺层顺序进行优化。首先要将铺层进行离散化处理,具体方法是:确定各角度铺层的总厚度,如下式

$$T_m = T_G r_m \quad m = 0°, +45°, -45°, 90° \tag{7-21}$$

式中,T_m 为各角度铺层的厚度;T_G 为层合板总厚度;r_m 为各角度铺层的比例因子。

然后通过式(7-22)确定各角度铺层的层数

$$L_m = \frac{T_m}{t} \tag{7-22}$$

式中，L_m 为各角度铺层的层数；t 为单铺层的厚度。

通过对层合板的各角度铺层厚度进行优化，得出了各角度铺层的厚度，通过式（7-22）可求出各角度铺层的层数。

B 交换方法

由于层合板铺层角度设计一般只有 0°、±45°、90°四种，铺层顺序优化时，如果任意交换两铺层的顺序将产生许多无效的交换，即不会对整个层合板的力学性能产生影响，却消耗了计算时间。因此将交换同一铺层角度的铺层顺序定义为无效交换，为消除不必要的无效交换，在铺层交换前先判断交换的两铺层是否角度相同，通过定义交换判断因子 γ，γ 初始值为 1，如果两铺层角度相同则置 0，不交换铺层，避免不必要的系统承载力重分析。

C 主要参数的运算方法

（1）粒子的位置：第 i 个粒子第 $k-1$ 代的位置 X_{k-1}^i 通过下式计算

$$X_{k-1}^i = (x_{k-1,1}^i, x_{k-1,2}^i, \cdots, x_{k-1,j}^i, \cdots, x_{k-1,N}^i) \quad 1 \leqslant j \leqslant N, \ 1 \leqslant x_j \leqslant N$$

$$(7-23)$$

式中，N 为层合板铺层数；分量 $x_{k-1,j}^i$ 为对第 j 层的铺层角的整数编码值。

（2）粒子的速度：任意粒子第 $k-1$ 代的速度 V_{k-1} 通过式（7-24）计算

$$V_{k-1} = \frac{X_{k-1}^p - X_{k-1}^q}{\Delta t} \tag{7-24}$$

式中，X_{k-1}^p、X_{k-1}^q 分别为第 $k-1$ 代粒子 p 和 q 的位置；Δt 为时间间隔。

（3）粒子位置的更新：粒子位置的更新通过下式进行

$$X_k^i = X_{k-1}^i + V_k^i \tag{7-25}$$

D 计算流程

（1）根据层合板要求的铺层厚度和铺层比例将层合板离散化；

（2）初始化种群规模、粒子的初始位移和速度，进化代数 $k=1$；

（3）对所有粒子进行编码，计算适应度值，确定出个体极值（$Pbest^i$）和总体极值（$Gbest^i$）；

（4）对粒子的位置进行更新，形成新的种群，通过 γ 的值判断是否是无效交换，如果是有效交换则进行结构的承载力重分析，计算新种群中每个粒子的适应度，更新个体极值（$Pbest^i$）和总体极值（$Gbest^i$）；

（5）根据式（7-24）和式（7-25）计算下一代粒子的位置和速度；

（6）若没有满足收敛条件则返回步骤（3）。

7.2.7 采用 GA 和 SQP 相结合的二阶段优化方案

由于复合材料加筋板屈曲、后屈曲包括多种非线性行为，需要使用多种优化算法的组合才能有效解决其优化问题，在通过试验设计方法建立设计空间的近似响应面模型后，本章采取了遗传算法和序列二次规划法相结合的二阶段组合优化方案。其内容是：（1）采用多岛遗传算法对响应面模型进行寻优，得到可能存在全局最优解的若干个局部区域；（2）在各局部区域上分别建立较精确的响应面模型，运用序列二次规划法在各局部响应面模型上搜索极值点，然后重新运行目标函数对响应面法构造的各近似模型进行校正，接着在经校正后的模型上重新搜索极值点，直到满足收敛条件，比较各局部区域上的极值点得到全局最优解。基于 GA 和 SQP 相结合的二阶段优化示意图如图7-2 所示。

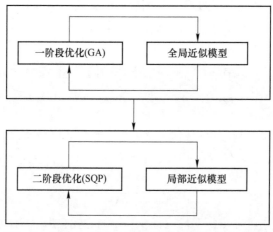

图 7-2　基于 GA 和 SQP 相结合的二阶段优化示意图

7.2.8　复合材料折线形加筋板屈曲、后屈曲优化策略

通过第 4 章的有限元分析可知，加筋板后屈曲的应力应变关系呈高度非线性的特点。通常采用有限元计算加筋板后屈曲极限载荷这类的非线性模型，会耗费较大的计算资源，并且收敛性不能保证，导致在时间上难以控制。本章采用对设计变量进行试验设计分析、对目标函数采用响应面方法近似建模、基于遗传算法进行全局搜索、采用局部响应面近似模型和序列二次规划相结合的优化策略，在保证分析精度的条件下，节省了数值模拟的计算时间。

复合材料加筋板稳定性分析优化设计问题在优化环节上具有以下特点：

（1）变量数目多，优化目标多；

（2）复合材料加筋壁板稳定性分析优化设计问题是非线性优化问题，包括材料非线性和几何非线性；

（3）多峰性，即存在多个局部极小点或极大点，采用传统的优化方法，例如牛顿法、最速下降法等，难以获得全局最优解。

针对以上特点，本章提出以响应面法与多岛遗传算法、序列二次规划法相结合的两阶段优化为核心，并结合多种优化方法的优化策略，其系统流程如图7-3所示。

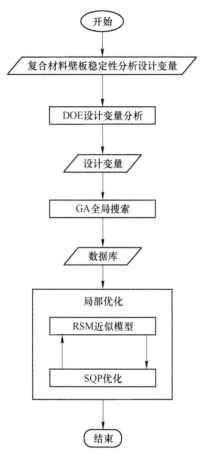

图7-3 两阶段优化流程图

图7-3具体包含以下几个步骤：

（1）采用试验设计方法对设计参数进行筛选，将对目标函数影响显著的参数挑选出来作为优化问题的设计变量；

（2）利用从试验设计法确定的对输出影响最大的设计参数通过试验方法或数值计算确定出该设计参数对应的输出值，根据这些数据可以获得多项式系数，最后建立恰当的响应面模型；

（3）利用多岛遗传算法全局搜索能力强的特点，对通过响应面法构造得到的优化问题的近似模型进行全局搜索；

（4）使用序列二次规划法在由多岛遗传算法得到的可能存在最优点的局部区域内进行二次优化，快速得到局部近似最优点。

7.2.9　采用 iSIGHT 的系统集成

iSIGHT 是一个用于多领域工程自动设计优化的开发平台，它集试验设计、近似建模、设计优化、可靠性分析和质量工程为一体。本节以 iSIGHT 为平台进行了复合材料加筋板屈曲、后屈曲的优化设计，包括稳定性分析、参数优化、试验设计分析，以及响应面法、遗传算法和二次规划法建模的系统集成。iSIGHT 包含以下 8 个模块[212]：

(1) 设计过程集成（Integration）；

(2) 设计探索工具（Design Exploration Tools）；

(3) 自动设计优化（Automation）；

(4) 试验设计（Design of Experiments）；

(5) 优化（Optimization）；

(6) 近似数学建模（Approximation）；

(7) 知识挖掘工具（Knowledge Acquisition）；

(8) 质量工程（Quality Engineering Methods）。

iSIGHT 平台解决优化问题，通过三个环节实现：

(1) 模块的集成与自动化；

(2) 将现实优化问题采用数学符号语言表达，然后在可行域内展开寻优；

(3) 对设计优化的整个过程展开实时监控，并以图表的形式直观地表现出来，便于及时发现错误。

7.3　复合材料折线形加筋板屈曲、后屈曲分析优化设计

复合材料折线形加筋板屈曲、后屈曲优化设计主要包括三部分内容：

(1) 加筋板蒙皮和筋条铺层厚度、顺序优化。以结构承载能力最大、结构重量最轻为目标函数，在强度、失效准则等约束条件下，实现复合材料壁板蒙皮和筋条铺层厚度、顺序的优化设计；

(2) 加筋板筋条数目的优化，通过优化得出一定宽度上应布置筋条的最佳数目；

(3) 加筋板连接部件选择材料的优化，连接部件包括帽形接头和 T 形筋条。

通过以上三部分的优化设计最终得到加筋壁板的最优设计方案。

7.3.1　加筋板铺层顺序和厚度优化

7.3.1.1　优化目标

飞机结构重量的降低并非只影响到结构性能本身，对飞机总重的影响更大，经过大量统计，飞机结构重量下降值与相应总重下降值的比值为 1 : 4.5[3]。飞

机自重减轻将降低燃油的消耗,延长飞机的航行时间。飞机设计人员的任务就是在满足设计要求的前提下尽量降低飞机的结构重量。因此优化的目标确定为机翼油箱区壁板的重量最小,同时承载力最大。

7.3.1.2　设计变量

该复合材料壁板的蒙皮和筋条采用层合板材料,进行铺层优化需对层合板±45°、0°和90°的铺层厚度进行优化,然后根据层合板设计的一般原则对层合板的铺层顺序进行合理的设计。

7.3.1.3　约束条件

优化的约束条件包括位移约束条件、几何尺寸约束条件、复合材料层合板强度约束条件。

将以上内容建立优化设计的数学模型,如式(7-26)所示

$$
\left.
\begin{aligned}
&\text{find} \quad X = (x_1, x_2, x_3, x_4) \\
&\text{min} \quad f_1(X) \\
&\text{max} \quad f_2(X) \\
&\text{s.t.} \left\{
\begin{aligned}
&t_i^L \leqslant x_i \leqslant t_i^U, \ i = 1, 2, 3, 4 \\
&u_j^L \leqslant U_j(X) \leqslant u_j^U, \ j = 1, 2, \cdots, n \\
&G_k(X) \leqslant g_k, \ k = 1, 2, \cdots, 6
\end{aligned}
\right.
\end{aligned}
\right\}
\tag{7-26}
$$

模型中确定了设计变量为 x_1、x_2、x_3、x_4,分别为四种铺层±45°、90°、0°的厚度;目标函数 $f_1(X)$ 表示复合材料折线形加筋板的总质量,目标函数 $f_2(X)$ 表示复合材料折线形加筋板的承载力,优化的目标就是要求 $f_1(X)$ 取得最小值,同时要求 $f_2(X)$ 达到最大值;不等式约束条件 $t_i^L \leqslant x_i \leqslant t_i^U$ 表示设计变量的尺寸约束条件,为避免尺寸出现各种不符合实际情况的取值,如负数或大于蒙皮总厚度,上下限取值为0~4,初值取0.25, $u_j^L \leqslant U_j(X) \leqslant u_j^U$ 表示设计变量的位移约束条件,$G_k(X) \leqslant g_k$ 表示设计变量的强度约束条件,由 Hashin 准则确定,如表3-1所示。

7.3.2　iSIGHT 建模与求解

iSIGHT优化的一般过程是,按照预先设定优化过程修改所集成软件的输入文件,运行软件执行修改后的文件得到目标函数值,然后判断目标函数值是否达到最优,即是否满足终止条件,如果满足终止条件优化就结束,否则再次修改输入文件,再通过程序执行修改后的文件,…,重复以上过程直至达到终止条件,取得最优解,流程图如图7-4所示。

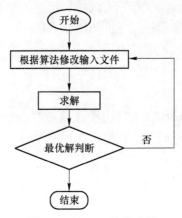

图 7-4　iSIGHT 优化过程

7.3.2.1　参数设置

通过参数定义建立优化问题的数学模型，复合材料加筋板屈曲、后屈曲优化参数见表 7-1。

表 7-1　复合材料加筋板屈曲、后屈曲优化参数

参数名称		参数类型	数据类型	优化目标	参数初值	变量上限 /mm	变量下限 /mm
蒙皮	0°铺层	变量	实型	—	1mm	4	0.125
	+45°铺层	变量	实型	—	1mm	4	0.125
	−45°铺层	变量	实型	—	0.5mm	4	0.125
	90°铺层	变量	实型	—	2mm	4	0.125
筋条	0°铺层	变量	实型	—	0.5mm	4	0.125
	+45°铺层	变量	实型	—	0.5mm	4	0.125
	−45°铺层	变量	实型	—	0.25mm	4	0.125
	90°铺层	变量	实型	—	1.25mm	4	0.125
承载力 F		目标函数	实型	最大值	10kN	—	—
总质量 M		目标函数	实型	最小值	11.469kg	—	—

7.3.2.2　优化策略选择

复合材料加筋壁板稳定性优化采用多岛遗传算法和序列二次规划算法相结合的二阶段算法进行优化设计，既解决了全局优化容易导致优化陷入局部最优解的问题，又解决了局部优化存在的耗时问题。详见 7.2.7 节优化策略的有关内容。

7.3.2.3 求解监控

通过求解监控图可以实时掌握求解过程的进展情况，图 7-5~图 7-7 为优化目标的监控图。

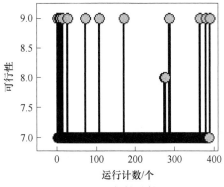

图 7-5 可行性监控图

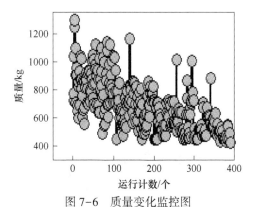

图 7-6 质量变化监控图

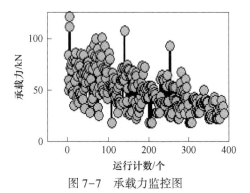

图 7-7 承载力监控图

图 7-8~图 7-15 为各设计变量优化过程监控图。

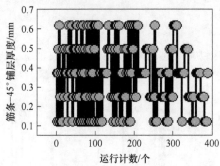

图 7-8　筋条-45°铺层厚度变量优化过程

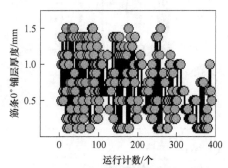

图 7-9　筋条 0°铺层厚度变量优化过程

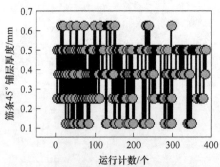

图 7-10　筋条 45°铺层厚度变量优化过程

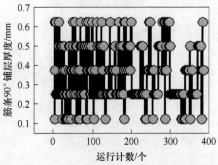

图 7-11　筋条 90°铺层厚度变量优化过程

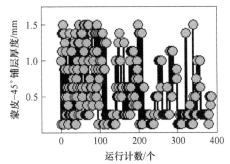

图 7-12 蒙皮-45°铺层厚度变量优化过程

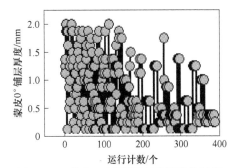

图 7-13 蒙皮 0°铺层厚度变量优化过程

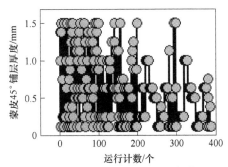

图 7-14 蒙皮 45°铺层厚度变量优化过程

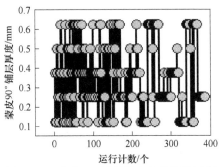

图 7-15 蒙皮 90°铺层厚度变量优化过程

从以上的监控图可以看出，优化目标和设计变量较好地收敛于近似最优解。

7.3.3　优化结果

7.3.3.1　铺层厚度

经过 1000 余次的迭代后，优化至收敛，最终得到优化后的结果。在对壁板的铺层厚度进行优化时，iSIGHT 将铺层厚度当做连续变量处理，得到的最优铺层厚度并不规整，为了满足制造工艺要求，根据每层厚度为 0.125mm，以 0.125mm 为模数对结果进行了圆整。壁板重量的优化历程如图 7-16 所示，优化前后蒙皮和筋条铺层厚度如表 7-2 所示。

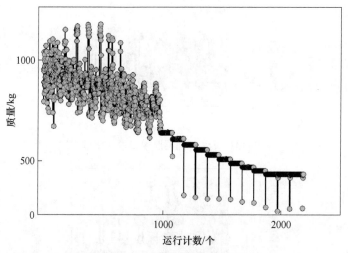

图 7-16　壁板重量优化历程

表 7-2　优化前后蒙皮和筋条各铺层的厚度　　（mm）

铺层角度		45°	−45°	90°	0°	合计
蒙皮	优化前	1	1	0.5	2	4.5
	优化后	0.5	1.25	0.5	0.375	2.625
筋条	优化前	0.5	0.5	0.25	1.25	2.5
	优化后	0.5	1	0.5	3	5

从表 7-2 中可以看出，蒙皮的铺层总厚度减小了 41.6%，筋条的铺层厚度增加了 1 倍，由于结构的非对称性，导致优化的铺层也出现了非对称的铺层形式，−45°铺层的数目有所增加，对蒙皮 45°和 0°铺层数减少了，0°铺层减少明显；对于筋条 45°铺层数未变，0°铺层增加明显。根据以上分析可知，优化模型提高筋条 0°铺层量，而减少蒙皮用量，可见筋条作为轴力的主要承载结构是一种经济的

设计方案。

7.3.3.2 铺层顺序

得到各等效层合板的最优铺层厚度后，即可按 7.2.7 节所述的交换离散粒子群算法对层合板的铺层顺序进行优化设计。优化后的结果为理想铺层顺序，根据工程实际情况，尚需满足层合板铺层的设计原则和制造阶段的一般工艺要求，主要包括以下内容[3,213]：

（1）承载结构的铺层设计应保证能够直接、有效地传递外载荷，使结构的承载能力、抗冲击损伤性能等最大化。

1）对于外载荷以拉、压为主的构件，应尽可能多地布置 0°铺层；

2）对于外载荷以剪切力为主的构件，应尽可能多地布置±45°铺层；

3）如结构有稳定性或抗冲击方面的要求，层合板的外层应优先选用±45°铺层；

4）结构可能遭受到低能冲击部位，其外表面优先选用织物铺层，或适当增加±45°铺层的比例；

5）铺层方向的确定主要取决于强度和刚度两方面的要求，为简化设计和工艺，铺层方向一般选择 0°、±45°、90°四种铺层；

6）考虑结构整体稳定性、降低热应力和泊松比以及避免树脂部分单独受载，一个构件中应包含四种铺层形式。

（2）考虑制造阶段的工艺要求铺层结构设计应尽量避免或者减小由固化过程引起的翘曲或基体裂纹。

1）层合板中的铺层应相对于板的中面对称布置，如需增减亦应对称、逐步增减；

2）应尽量少布置同一方向的铺层组，最多不大于 4 层，同时 90°的铺层组应避免使用；

3）相邻铺层间夹角一般不大于 60°。

结合以上原则设计得到的层合板的最优铺层（°）如下：

蒙皮：$[\pm45/0/-45_2/90/45/90/-45_2/\overline{0}]_s$；

筋条：$[\pm45/0_4/-45/90/-45/0_4/45/90/-45/0_4]_s$。

在此铺层下对复合材料加筋板稳定性进行了计算，由计算结果可知，复材壁板质量由 11.469kg 降低到 10.669kg，下降了 6.98%，减重效果明显。在减重的同时极限承载力有小幅提高，达到 857.8kN，提高了 4%。由于在优化分析时为节省计算时间，采用了近似模型，如采用试验设计确定试验点，响应面法建模建立目标函数的近似模型，这些都将对优化结果产生影响，因此本节的分析结果可能是最优解附近的一个非劣解，同时由于生产工艺条件限制铺层厚度为 0.125mm

的模数，因此需要对最优化结果进行圆整，这样进一步导致最后所得优化结果为非劣解。

7.3.4　筋条数目优化

在上一节优化后的加筋板的基础上对筋条数目进行优化。优化方法是参考加筋板的横向尺寸，改变筋条的数目，从 2 根依次增加到 4 根，每次计算增加 1 根，维持原先筋条的几何尺寸以及基本构型，确保筋条仅仅是数目上的改变，计算结果列于表 7-3。表 7-3 以 3 根筋条为基准根据相应的结构重量增减以及屈曲临界载荷和破坏载荷改变量，得出相对改变量，通过比较得到最优结构对应的筋条数目。

相关参数定义如下：

$$相对质量改变量 = \left(\frac{改变后的筋板总质量 - 基准筋板总质量}{基准筋板总质量}\right) \times 100\%$$

$$屈曲临界载荷改变量 = \left(\frac{改变后的筋板屈曲临界载荷 - 基准筋板屈曲临界载荷}{基准筋板屈曲临界载荷}\right) \times 100\%$$

$$极限载荷改变量 = \left(\frac{改变后的筋板极限载荷 - 基准筋板极限载荷}{基准筋板极限载荷}\right) \times 100\%$$

表 7-3　不同筋条根数下质量载荷对比

项目	总质量 /kg	相对质量 改变量/%	屈曲临界 载荷/N	屈曲载荷 改变量/%	极限载荷 /N	极限载荷 改变量/%
2 根	9.00	−15.63	197500	−58.05	576800	−32.76
3 根	10.67	0	470760	0	857800	0
4 根	12.34	15.63	572000	21.51	959826	11.89
5 根	14.00	31.27	666900	41.66	1153000	34.41

从图 7-17 中可以看出，随着筋条个数的增加，屈曲临界载荷和极限载荷相应增加，但其增长速率呈现出了差异。由 2 根增加到 3 根和 4 根增加到 5 根时增幅最明显，相比之下，3 根增加到 4 根时增幅不够明显。屈曲临界载荷曲线与极限载荷曲线相比具有相似的性质，同时可以看到屈曲载荷曲线在 2 根增加到 3 根时幅度变化更明显。改变了筋条数目，将导致结构重量有所变化，同时考虑加筋板几何尺寸的限制以及筋条的合理间距，得出结论 3 根筋条最适合本书的轴压载荷作用下的加筋板模型。如表 7-3 所示，从载荷和质量的改变量可以看出选择 3 根筋条是一种比较好的方案。

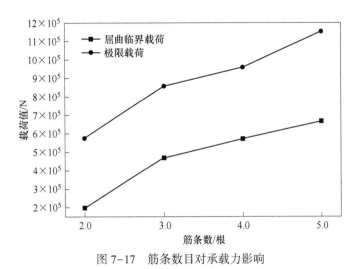

图 7-17　筋条数目对承载力影响

7.3.5 复合材料折线形加筋板连接部位优化

通过第 4、5 章的分析可以看出，筋条连接部分对整个加筋板的屈曲和后屈曲承载力有很大的影响。有限元分析和试验所采用材料均为铝合金，如果采用复合材料是否会得到更好的效果？帽形接头和 T 形加强筋以及它们各自会对加筋板屈曲临界载荷和极限载荷有怎样的影响？少有文献对此进行研究。本节对接头部件分别采用了铝合金和复合材料，通过对比 9 种模型得出承载力最大的方案。

7.3.5.1 连接部位优化方案

为了具体比较各接头部件对加筋板轴压承载力的影响，同时对其进行优化，提出 9 种模型，如表 7-4 所示。其余部分的铺层、连接方式、加载、边界条件均与第 4 章模型相同。

表 7-4　复合材料折线形加筋板接头部件优化模型

模型编号	帽形接头	T 形加强筋
I	①	②
II	铝合金	②
III	复合材料	②
IV	①	复合材料
V	铝合金	复合材料

模型编号	帽形接头	T 形加强筋
Ⅵ	复合材料	复合材料
Ⅶ	①	铝合金
Ⅷ	铝合金	铝合金
Ⅸ	复合材料	铝合金

①加筋板不采用任何帽形接头，筋条之间仅以共固化胶结。
②加筋板不采用任何 T 形加强筋。

　　分别采用第 4 章的有限元分析方法对上述提出的 9 个模型展开数值计算，可以得到各模型相应的极限载荷和描述损伤扩展的载荷位移曲线以及关键部件的变形值，通过分析比较得出最优方案。

7.3.5.2　各模型计算结果分析和确定最优方案

　　对各模型有限元计算结果首先进行收敛性分析，基于 Arbelo[214] 等人采用的方法本章还考虑了计算效率问题。以模型 Ⅸ 为例，对模型分别划分单元数为 3216、4097、5121、7289 和 11052，然后分别计算结果，以第 5 种划分方法为精度最高，其余 4 种与之比较，计算出相对误差列于表 7-5 中。从表中可以看出，随着单元数的增加相对误差逐渐减小到 7289 个单元时相对误差为 0.5%，进一步加密单元，对提高计算精度意义不大，但是 CPU 计算时间却大幅度提高，因此本章仍然采用与第 4 章相同划分 7289 个单元的有限元模型作为各方案的计算模型。

表 7-5　复合材料折线形加筋板计算结果收敛性分析

划分单元数	相对误差/%
3216	3.2
4097	2.6
5121	1.3
7289	0.5
11052	—

　　采用线性摄动法计算出的 9 个模型的 1 阶特征值屈曲临界载荷和屈曲模态如图 7-18 所示。由于 1 阶以上模态的特征值均远小于 1 阶模态特征值，其对结构屈曲的影响很小可以忽略不计，所以在此不考虑 1 阶以上模态。通过比较可知 9 个模型的屈曲模态基本相似，随着特征值的提高，Z 向最大位移区域

（图中中心圆形部分）逐渐向加载边移动，其面积逐渐减小；对于有相同 T 形加强筋的模型，有帽形接头具有更高的屈曲临界载荷（F_{cr}）。复合材料和铝合金帽形接头在其他部件都相同的情况下，屈曲临界载荷几乎相同，因此帽形接头的材料对屈曲临界载荷影响不大。在相同的帽形接头的情况下，有 T 形筋条的模型具有更高的屈曲临界载荷，并且铝合金 T 形筋条高于复合材料的 T 形筋条。

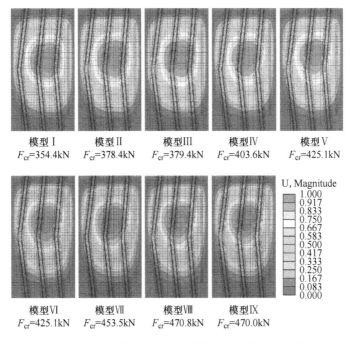

图 7-18 9 个模型的 1 阶屈曲模态和屈曲临界载荷

F_{cr} =特征值×载荷值（kN）

图 7-19 为 9 个模型描述轴压载荷下加筋板损伤扩展的载荷位移曲线，由图可知最大极限载荷为模型Ⅸ：823.4kN，其对应的屈曲临界载荷为 461.2kN，低于线性特征值计算结果 470.0kN（见图 7-18），产生差别的原因是非线性计算中引入了初始缺陷，从而对承载力产生了影响。各模型的屈曲临界载荷差别不大，极限载荷差别较大，可见接头部件的改变对极限载荷产生影响更大。

经过有限元数值计算可得各方案极限载荷值、轴向变形（X 轴向变形）及加筋板厚度方向（Z 轴向变形）的变形如图 7-20 所示。首先，具有相同铝合金 T 形筋条的模型Ⅶ、模型Ⅷ和模型Ⅸ极限载荷最大；具有相同复合材料 T 形筋条的模型Ⅳ、模型Ⅴ、模型Ⅵ次之；无 T 形筋条的模型Ⅰ、模型Ⅱ、模型Ⅲ最低。

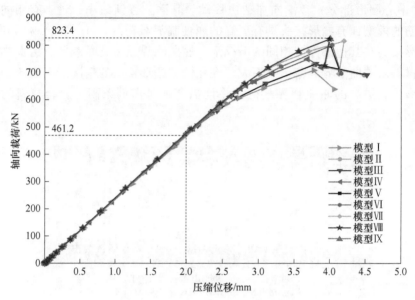

图 7-19　轴压加筋板载荷位移曲线

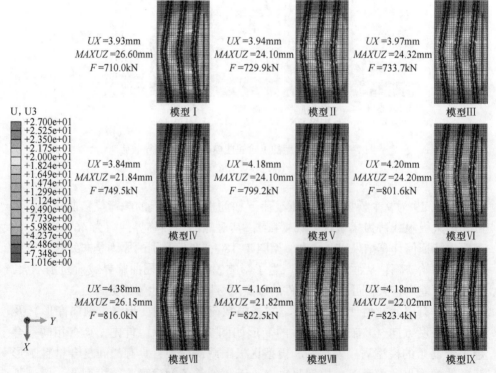

图 7-20　极限载荷时加筋板 X 方向及 Z 方向最大变形值

UX—加载端沿轴向（X 轴方向）变形；$MAXUZ$—厚度方向（Z 轴方向）最大变形；F—极限载荷

复合材料0°拉伸和压缩模量都远大于铝合金材料，但90°拉伸、压缩以及剪切模量都远低于铝合金材料，尽管合理的设计铺层可以改变复材的力学性质，但是加筋板在后屈曲阶段的变形与材料初始缺陷、加载形式、边界条件等因素有关，这些实际情况很难准确预测和模拟，T形筋条本身受力、变形复杂[215,216]，根据实际载荷和变形情况设计出合理的复合材料T形筋条很困难，在这种情况下选择具有各向同性、材料力学性质分散性小的弹塑性铝合金材料就成为一种较好的折中方案。从第5章试验图5-14可见，在加筋板破坏后，T形筋条变形很大，但未发生破坏。从图7-21数值模拟可以看出，在相同的轴压载荷下，模型Ⅶ的铝合金T形筋条未发生破坏，而模型Ⅳ的复合材料T形筋条发生了破坏，证明选择铝合金T形加强筋是合理的。另外，筋条连接部位的帽形接头也可以提高加筋板极限载荷，复合材料帽形接头优于铝合金帽形接头，在加筋板受压时接头也会产生压缩变形，而复合材料的压缩强度和模量均高于铝合金，因此复合材料帽形接头承载力高于铝合金帽形接头。最后，模型Ⅰ的极限载荷最低，因此帽形接头和T形筋条是连接部位不可缺少的，同时不应该采用模型Ⅰ的连接方式。

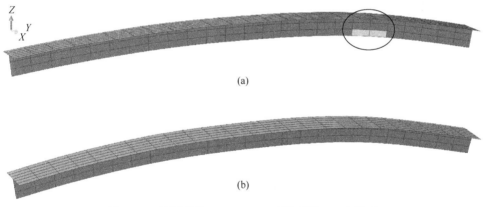

图7-21　轴压载荷 $F=678.5$ kN时模型Ⅳ(a)和模型
Ⅶ(b)中T形筋条的破坏位置

7.4　本章小结

本章首先回顾了常用的结构优化方法，分析了每种方法的特点，在此基础上，选择了适合本书模型的优化方法，提出了优化策略。优化内容和主要结论可以概括为以下三个方面：

（1）对筋条、蒙皮铺层厚度和顺序进行优化。结果显示，重量可以减轻6.98%，极限承载力可以提高4%。

（2）对筋条数量进行了优化。结果显示，3 根筋条的加筋板对于屈曲临界载荷和极限载荷均为最优方案。

（3）对折线形筋条连接部件进行了优化。结论表明，T 形筋条应采用铝合金材料；帽形接头应采用复合材料；T 形筋条和帽形接头均可使结构的屈曲临界载荷和极限载荷有较大的提高。

8 总结和展望

8.1 全书总结

本书针对轴压载荷作用下的复合材料折线形加筋板屈曲、后屈曲性能展开深入研究，分别采用线性摄动和非线性有限元理论，在对模型进行适当简化的基础上，较好地解决了屈曲临界载荷和极限载荷在求解中精度和效率方面的问题；采用理论分析与试验验证相结合的方法，研究了复合材料折线形加筋板屈曲、后屈曲的力学行为，指出复合材料折线形加筋板屈曲后依然有较大的承载力潜力；通过敏感性分析，提出在理论分析中如能采用实测偏移值，计算结果与试验值将更加接近。在此基础上，提出适用于轴压复合材料折线形加筋板承载力的优化策略和实施方案。主要工作内容包括以下几个方面：

（1）在对复合材料层合板的屈曲、后屈曲相关理论进行回顾的基础上，经理论分析对比，针对本书的计算模型选用合理的有限元分析理论，主要包括：1）适用于特征值屈曲分析的线性摄动法，适用于非线性分析的改进的弧长法（Riks方法）；2）对非线性的弹塑性铝合金材料采用了切线模量理论，对非线性的复合材料采用了刚度退化理论；3）材料刚度退化方案采用修正的 Hashin 失效准则判定失效，然后对刚度进行折减。此外，还编制了用户子程序实现刚度退化模拟。

（2）采用 4 个算例对本书采用的有限元理论进行了验证，4 个算例包括 H 形单根筋条、圆柱壳、T 形加筋板和帽形加筋板，其中前两个算例的材料非线性理论采用的是弹塑性材料非线性理论即切线模量理论；后两个算例的材料非线性理论采用的是复合材料的刚度退化理论。通过对后两个算例中考虑界面单元与不考虑界面单元结果的分析得出界面脱粘损伤对模拟结果影响并不显著，试验结果显示在屈曲阶段界面脱粘区域极小，对加筋结构整体刚度的影响可以忽略不计，若界面强度足够，在加筋板达到极限载荷前没有出现过大的脱粘损伤区域，极限载荷也不会有显著影响。结果表明本书的研究方法具有较高的可靠性。

（3）基于经过上述验证的有限元理论，对复合材料折线形加筋板进行了分析计算，得到了屈曲临界载荷、极限载荷以及反映结构损伤扩展历程的载荷−位移曲线，对所得结果进行了收敛性分析，并进一步通过试验验证了结果的合理性。得到的主要结论是：1）考虑初始缺陷和非线性得出的屈曲临界载荷比基于线弹性理论的摄动法计算出的特征值屈曲载荷值小，后者所计算的结果是非保守解；2）极限载荷是屈曲临界载荷的 1.7 倍，可见后屈曲强度潜力很大，对于结构减重和提高结构强度有重要意义。

（4）对本书模型进行了敏感性分析，获得加筋板初始偏移值对屈曲极限载荷的影响曲线，根据敏感性大小划分区段，避免取值在陡降段区间，导致对承载力产生较大影响，从而达到对初始缺陷进行有效控制的目的，为结构设计人员提供参考。同时据此可以对生产制造误差提出合理的建议。指出采用实测的偏移值计算所得的极限载荷与试验值很接近，说明采用本书的分析理论结合实测的偏移值能够较准确地预测出复合材料折线形加筋板轴压承载力。本书的敏感性分析方法还可用来确定其他设计参数扰动对结构主要性能指标的影响。

（5）针对复合材料折线形加筋板屈曲、后屈曲优化问题展开研究，对优化过程中存在的多变量、多约束、多峰值现象，提出两阶段优化策略，即首先对设计变量进行试验设计（DOE），然后将基于遗传算法（GA）进行全局搜索与基于响应面（RSM）近似模型和序列二次规划（SQP）相结合的局部寻优相结合，保证分析精度的条件下，节省了数值模拟的时间开销。接着分别对加筋板筋条、壁板的铺层厚度、铺层顺序、筋条数量以及连接部件材料展开优化设计。经过与原模型比较，达到减重、提高强度的目标。

8.2　本书的创新点

本书的创新点主要包括以下几个方面：

（1）以敏感性分析为基础，提出了一种确定复合材料加筋板合理初始偏移值范围的方法。该方法得出的初始偏移值范围可以为加筋板设计、制造和安装提出合理的允许误差值。该方法还可用来确定其他设计参数扰动对结构主要性能指标的影响。

（2）针对将会广泛应用的复合材料折线形加筋板这一新型结构目前承载力研究较少的情况，在传统的加筋板屈曲、后屈曲有限元理论基础上编制用户子程序，对该结构的轴压力学性能进行了分析研究，模拟结果与试验结果吻合较好，得出值得设计人员借鉴的结论，也为该结构的设计提供了一种思路。

（3）通过敏感性分析揭示了初始几何偏移值取值不同对承载力的影响情况，取加筋板的实测初始几何偏移值可以较准确地预测出结构的承载力，采用允许最大初始几何偏移值次之，采用预先构造的初始几何偏移值最差。

（4）针对复合材料折线形加筋板的模型特点，提出了两阶段的优化策略，提高了优化效率。除对筋条、蒙皮铺层厚度和顺序、筋条数量等加筋层合板传统设计参数进行优化外，还对本书模型特有的筋条连接部件材料进行了优化，达到了减重、提高强度的目标。

8.3　工作展望

　　本书虽然运用实验、数值模拟方法对复合材料折线形加筋层合板结构的屈曲和后屈曲力学行为进行了详细的研究，然而对于该结构的研究还有许多方面值得进一步探索。在本书的最后，提出对于复合材料折线形加筋板结构的屈曲和后屈曲问题方面本书未涉及且值得进一步研究的内容还包括：

　　（1）对于复合材料折线形加筋板，随着筋条与纵轴的夹角不断变化，屈曲和后屈曲力学行为一定会产生相应的变化，其变化规律、敏感性问题以及最优化设计值得进一步探讨。

　　（2）本书对复合材料折线形加筋板的连接部件进行了材料优化设计，即对帽形接头和 T 形筋条的材料选择提出了合理的方案，但是接头部件的几何尺寸、外形也会对加筋板的屈曲和后屈曲性能产生影响，因此尚应进行连接部件的拓扑优化和尺寸参数优化，从而实现进一步降低结构自重的目标。

　　（3）中央翼盒上壁板主要承受轴向压力和剪力，本书只对轴向压力的影响进行了研究，对复合材料折线形加筋板还应展开剪切载荷作用下的屈曲、后屈曲性能研究，形成对复合材料折线形加筋板完整载荷工况的研究。

　　今后将继续在以上的三个方面进行更加深入的研究，不断完善复合材料加筋板屈曲和后屈曲这一研究领域。

参 考 文 献

［1］ Wisnom M R, Hallett S R, Soutis C. Scaling effects in notched composites ［J］. Journal of Composite Materials, 2010, 44（2）: 195~210.

［2］ Taylor R, Owens S. Correlation of an analysis tool for 3-d reinforced bonded joints on the f-35 joint strike fighter ［C］. 45th AIAA/ASME/ASCE/AHS/ASC Structures, Structural Dynamics & Materials Conference, Palm Springs, California, USA, 2004.

［3］ 牛春匀. 实用飞机复合材料结构设计与制造 ［M］. 北京: 航空工业出版社, 2010: 5~8.

［4］ Zimmermann R, Klein H, Kling A. Buckling and postbuckling of stringer stiffened fibre composite curved panels-Tests and computations ［J］. Composite Structures, 2006, 73（2）: 150~161.

［5］ Campen D H V, Bouwman V P, Zhang G Q, et al. Semi-analytical stability analysis of doubly-curved orthotropic shallow panels—considering the effects of boundary conditions ［J］. International Journal of Non-Linear Mechanics, 2002, 37（4~5）: 659~667.

［6］ Zhang J, Campen D H V. Stability and bifurcation of doubly curved shallow panels under quasi-static uniform load ［J］. International Journal of Non-Linear Mechanics, 2003, 38（4）: 457~466.

［7］ Bisagni C, Vescovini R. Analytical formulation for local buckling and post-buckling analysis of stiffened laminated panels ［J］. Thin-Walled Structures, 2009, 47（3）: 318~334.

［8］ Stevens K A, Ricci R, Davies G A O. Buckling and postbuckling of composite structures ［J］. Composites, 1995, 26（3）: 189~199.

［9］ Kong C W, Lee I C, Kim C G, et al. Postbuckling and failure of stiffened composite panels under axial compression ［J］. Composite Structures, 1998, 42（1）: 13~21.

［10］ Maron M J. Numerical Analysis: a Practical Approach ［M］. Macmillan Publishing Company, 1982.

［11］ Riks E. The application of newtons method to the problem of elastic stability ［J］. Journal of Applied Mechanics, 1972, 39（4）: 1060~1071.

［12］ Wempner G A. Discrete approximations related to nonlinear theories of solids ［J］. International Journal of Solids & Structures, 1971, 7（11）: 1581~1599.

［13］ Crisfield M A. A Fast Incremental/Iterative Solution Procedure that Handles "Snap-through" ［M］. Computational Methods in Nonlinear Structural and Solid Mechanics. 1981.

［14］ Ramm E. Strategies for Tracing the Nonlinear Response Near Limit Points ［M］. Springer Berlin Heidelberg, 1981.

［15］ 朱菊芬, 杨海平. 求解结构后屈曲路径的加速弧长法 ［J］. 大连理工大学学报, 1994（1）: 17~22.

［16］ 朱菊芬, 杨海平, 汪海. 复合材料层合加筋板结构的后屈曲强度及破坏研究 ［J］. 航空学报, 1995, 16（1）: 118~122.

［17］ Yap J W H, Thomson R S, Scott M L, et al. Influence of post-buckling behaviour of composite stiffened panels on the damage criticality ［J］. Composite Structures, 2004, 66（1~4）: 197~206.

［18］ Ambur D R, Jaunky N, Hilburger M W. Progressive failure studies of stiffened panels subjected to shear loading [J]. Composite Structures, 2004, 65 (2): 129~142.

[19] 朱菊芬, 牛海英. 含多个分层复合材料层合板后屈曲性态研究 [J]. 计算力学学报, 2004, 21 (6): 711~717.

[20] 牛海英, 朱菊芬. 含单个分层复合材料层合板后屈曲性态研究 [J]. 大连理工大学学报, 2004, 44 (5): 634~639.

[21] Orifici A C, Alberdi I O D Z, Thomson R S, et al. Compression and post-buckling damage growth and collapse analysis of flat composite stiffened panels [J]. Composites Science & Technology, 2008, 68 (15~16): 3150~3160.

[22] Orifici A C, Thomson R S, Degenhardt R, et al. An analysis tool for design and certification of postbuckling composite aerospace structures [J]. International Journal of Structural Stability & Dynamics, 2010, 10 (4): 669~681.

[23] Bertolini J, Castanié B, Barrau J J, et al. An experimental and numerical study on omega stringer debonding [J]. Composite Structures, 2008, 86 (1): 233~242.

[24] Bertolini J, Castanié B, Barrau J J, et al. Multi-level experimental and numerical analysis of composite stiffener debonding. Part 1: Non-specific specimen level [J]. Composite Structures, 2009, 90 (4): 381~391.

[25] Bertolini J, Castanié B, Barrau J J, et al. Multi-level experimental and numerical analysis of composite stiffener debonding. Part 2: Element and panel level [J]. Composite Structures, 2009, 90 (4): 392~403.

[26] Bisagni C, Dávila C G. Experimental investigation of the postbuckling response and collapse of a single-stringer specimen [J]. Composite Structures, 2014, 108 (1): 493~503.

[27] Petersen E, Hühne C. Potential of cross section varying Omega stringer made of carbon fibre reinforced plastics [J]. Thin-Walled Structures, 2016, 103: 253~262.

[28] 陈桂娟. 复合材料层合结构屈曲和后屈曲研究 [D]. 西安: 西北工业大学, 2005.

[29] 陈桂娟, 矫桂琼, 熊伟, 等. 复合材料层合板非线性后屈曲特性的研究 [J]. 武汉科技大学学报, 2005, 28 (1): 103~107.

[30] 孙为民, 童明波, 董登科, 等. 加筋壁板轴压载荷下后屈曲稳定性试验研究 [J]. 实验力学, 2008, 23 (4): 333~338.

[31] 孙为民, 童明波, 董登科, 等. 壁板轴压后屈曲计算与结构敏感度分析 [J]. 中国机械工程, 2009 (7): 812~816.

[32] 刘从玉, 许希武, 陈康. 考虑脱粘的复合材料加筋板屈曲后屈曲及承载能力数值分析 [J]. 复合材料学报, 2010, 27 (6): 158~166.

[33] 刘从玉. 复合材料加筋板的屈曲后屈曲分析及承载能力研究 [D]. 南京: 南京航空航天大学, 2009.

[34] 刘从玉, 许希武, 郝平, 等. 剪切载荷下复合材料加筋板屈曲后屈曲及承载能力数值分析 [C]. 北京: 北京力学会学术年会, 2011.

[35] 林智育, 许希武, 朱伟垚. 复合材料层板冲击损伤特性及冲击后压缩强度研究 [J]. 航空材料学报, 2011, 31 (1): 73~80.

[36] 孔斌, 叶强, 陈普会, 等. 复合材料整体加筋板轴压后屈曲的传载机制 [J]. 复合材料

学报，2010，27（5）：150~155.

［37］孔斌，陈普会，陈炎. 复合材料整体加筋板轴压后屈曲失效评估方法 ［J］. 复合材料学报，2014，31（3）：765~771.

［38］孔斌. 复合材料整体加筋板轴压后屈曲问题研究 ［D］. 南京：南京航空航天大学，2010.

［39］孔斌，陈普会. 复合材料加筋板轴压稳定性及后屈曲损伤耦合分析 ［C］. 郑州：中国力学学会学术大会 2009 论文摘要集，2009.

［40］王富生，张钧然，霍世慧，等. 大开口复合材料加筋壁板稳定性分析 ［J］. 应用力学学报，2012，29（1）：93~97.

［41］王菲菲，崔德刚，熊强，等. 复合材料加筋板后屈曲承载能力工程分析方法 ［J］. 北京航空航天大学学报，2013（4）：494~497.

［42］Camanho P P，Davila C G，Ambur D R. Numerical Simulation of Delamination Growth in Composite Materials ［M］. NASA Langley Technical Report Server，2001.

［43］Blackman B R K，Hadavinia H，Kinloch A J，et al. The use of a cohesive zone model to study the fracture of fibre composites and adhesively-bonded joints ［J］. International Journal of Fracture，2003，119（1）：25~46.

［44］Dugdale D S. Yielding of steel sheets containing slits ［J］. Journal of the Mechanics & Physics of Solids，1960，8（2）：100~104.

［45］Barenblatt G I. The mathematical theory of equilibrium cracks in brittle fracture ［J］. Advances in Applied Mechanics，1962，7：55~129.

［46］Benzeggagh M L，Kenane M. Measurement of mixed-mode delamination fracture toughness of unidirectional glass/epoxy composites with mixed-mode bending apparatus ［J］. Composites Science & Technology，1996，56（4）：439~449.

［47］Bertolini J，Castanié B，Barrau J J，et al. An experimental and numerical study on omega stringer debonding ［J］. Composite Structures，2008，86（1）：233~242.

［48］Krueger R，Ratcliffe J G，Minguet P J. Panel stiffener debonding analysis using a shell/3D modeling technique ［J］. Composites Science & Technology，2009，69（14）：2352~2362.

［49］Krueger R，Paris I L，O'Brien T K，et al. Comparison of 2D finite element modeling assumptions with results from 3D analysis for composite skin-stiffener debonding ［J］. Composite Structures，2002，57（1）：161~168.

［50］Ronald K，Pierre J M，Kevin O T. A Method for Calculating Strain Energy Release Rates in Preliminary Design of Composite Skin/Stringer Debonding under Multi-axial Loading ［M］. NASA Langley Technical Report Server，2001.

［51］Ronald K，Micahel K C，Kevin O T，et al. Testing and analysis of composite skin/stringer debonding under multi-axial loading ［J］. Journal of Composite Materials，2001，34（15）：754~755.

［52］Raju I S. Calculation of strain-energy release rates with high order and singular finite elements ［J］. Engineering Fracture Mechanics，1987，28（3）：251~274.

［53］Orifici A C，Thomson R S，Degenhardt R，et al. Degradation investigation in a postbuckling composite stiffened fuselage panel [J]. Composite Structures, 2008, 82 (1): 217~224.

[54] 高晶晶, 关志东, 刘德博, 等. 复合材料加筋板后屈曲特性研究 [C]. 威海: 中国复合材料学会聚合物基复合材料分会学术交流会, 2011.

[55] 常园园, 许希武, 郭树祥. 压缩载荷下复合材料整体加筋板渐进损伤非线性数值分析 [J]. 复合材料学报, 2011, 28 (4): 202~211.

[56] 欧阳国恩. 复合材料试验技术 [M]. 武汉: 武汉工业大学出版社, 1993.

[57] 卢智先, 矫桂琼, 王平安, 等. 含分层损伤的复合材料层合板压缩力学行为的实验研究 [C]. 宜昌: 全国复合材料学术会议, 2006.

[58] 叶强. 层合复合材料的粘聚区模型及其应用研究 [D]. 南京: 南京航空航天大学, 2012.

[59] 杨帆, 岳珠峰, 李磊. 基于弧长法的加筋板后屈曲特性分析及试验 [J]. 应用力学学报, 2015 (1): 119~124.

[60] 张永久, 耿小亮, 甘建, 等. 考虑损伤和界面脱粘的复合材料加筋板稳定性试验与模拟研究 [J]. 应用力学学报, 2013, 30 (1): 19~24.

[61] Williams J, Mikulas J M. Analytical and experimental study of structurally efficient composite hat-stiffened panels loaded in axial compression [C]. 16th Structural Dynamics, and Materials Conference, Denver, CO, USA, 2013.

[62] Kutlu Z, Chang F K. Composite panels containing multiple through-the-width delaminations and subjected to compression. Part II: Experiments & verification [J]. Composite Structures, 1995, 31 (4): 297~314.

[63] Falzon B G, Steven G P. Buckling mode transition in hat-stiffened composite panels loaded in uniaxial compression [J]. Composite Structures, 1997, 37 (2): 253~267.

[64] Perret A, Mistou S, Fazzini M, et al. Global behaviour of a composite stiffened panel in buckling. Part 2: Experimental investigation [J]. Composite Structures, 2012, 94 (2): 376~385.

[65] Orifici A C, Thomson R S, Degenhardt R, et al. The design of postbuckling composite aerospace structures accounting for damage initiation and growth [C]. 26th Congress of International Council of the Aeronautical Sciences, 2008, 26: 1~10.

[66] Lanzi L. A numerical and experimental investigation on composite stiffened panels into post-buckling [J]. Thin-Walled Structures, 2004, 42 (12): 1645~1664.

[67] Starnes J J, Knight J N, Rouse M. Postbuckling behavior of selected flat stiffened graphite-epoxy panels loaded in compression [J]. AIAA Journal, 1985, 23 (8): 1236~1246.

[68] Romeo G. Experimentalinvestigation on advanced composite-stiffened structures under uniaxial compression and bending [J]. AIAA Journal, 1986, 24 (11): 1823~1830.

[69] Falzon B G, Stevens K A, Davies G O. Postbuckling behaviour of a blade-stiffened composite panel loaded in uniaxial compression [J]. Composites Part A Applied Science & Manufacturing, 2000, 31 (5): 459~468.

[70] Spediacci A D. An investigation into the postbuckling response of a single blade-stiffened composite panel [J]. Dissertations & Theses-Gradworks, 2014, 53 (4): 177~186.

[71] Stevens K A, Specht S, Davies G A O. Postbuckling failure of carbon-epoxy compression

panels ［C］. Preceedings of ICCM-11, Gold Coast, Australia, 1997, 7: 14~18.

［72］ Frostig Y, Sheinman I, Weller T, et al. Postbuckling behavior of laminated composite stiffeners and stiffened panels under cyclic loading ［J］. Journal of Aircraft, 1971, 28 (7): 471~480.

［73］ Caputo F, Esposito R, Perugini P, et al. Numerical - experimental investigation on post - buckled stiffened composite panels ［J］. Composite Structures, 2002, 55 (3): 347~357.

［74］ Knight N F, Starnes J H. Postbuckling behavior of selected curved stiffened graphite-epoxy panels loaded in axial compression ［J］. AIAA Journal, 1988, 26 (3): 344~352.

［75］ Hachenberg D, Kossira H. Stringer peeling effects at stiffened composite panels in the postbuckling range ［J］. Journal of Aircraft, 1993, 30 (5): 769~776.

［76］ Stevens K A, Ricci R, Davies G A O. Buckling and postbuckling of composite structures ［J］. Composites, 1995, 26 (3): 189~199.

［77］ Chang F K, Kutlu Z. Delamination effects on composite shells ［J］. Journal of Engineering Materials & Technology, 1990, 112 (3): 336~340.

［78］ Nilsson K F, Asp L E, Alpman J E, et al. Delamination buckling and growth for delaminations at different depths in a slender composite panel ［J］. International Journal of Solids & Structures, 2001, 38 (17): 3039~3071.

［79］ Greenhalgh E, Meeks C, Clarke A, et al. The effect of defects on the performance of post-buckled CFRP stringer-stiffened panels ［J］. Composites Part A Applied Science & Manufacturing, 2003, 34 (7): 623~633.

［80］ Gaudenzi P, Perugini P, Riccio A. Post-buckling behavior of composite panels in the presence of unstable delaminations ［J］. Composite Structures, 2001, 51 (3): 301~309.

［81］ Tafreshi A. Efficient modelling of delamination buckling in composite cy-lindrical shells under axial compression ［J］. Composite Structures, 2004, 64 (3~4): 511~520.

［82］ Wang J, Qiao P. On the energy release rate and mode mix of delaminated shear deformable composite plates ［J］. International Journal of Solids & Structures, 2004, 41 (9~10): 2757~2779.

［83］ Bisagni C, Walters C. Experimental investigation of the damage propagation in composite specimens under biaxial loading ［J］. Composite Structures, 2008, 85 (4): 293~310.

［84］ 矫桂琼, 贾普荣. 复合材料力学 ［M］. 西安: 西北工业大学出版社, 2008.

［85］ Echaabi J, Trochu F, Gauvin R. Review of failure criteria of fibrous composite materials ［J］. Polymer Composites, 1996, 16 (6): 785~798.

［86］ Orifici A C, Herszberg I, Thomson R S. Review of methodologies for composite material modelling incorporating failure ［J］. Composite Structures, 2008, 86 (1~3): 194~210.

［87］ 蒋咏秋, 陆逢升. 复合材料力学 ［M］. 西安: 西安交通大学出版社, 1995.

［88］ Soni S R. A comparative study of failure envelopes in composite laminates ［J］. Journal of Reinforced Plastics & Composites, 1983, 2 (1): 34~42.

［89］ Hashin Z, Rotem A. A fatigue failure criterion for fiber reinforced materials ［J］. Journal of Composite Materials, 1973, 7 (4): 448~464.

［90］ Hashin, Z. Failure criteria for unidirectional fiber composites ［J］. Journal of Applied Mechanics, 1980, 47 (2): 329~334.

[91] Puck A, Schürmann H. Failure analysis of FRP laminates by means of phy-sically based phenomenological models [J]. Composites Science & Technology, 1998, 58 (7): 1045~1067.

[92] Knops M. Analysis of Failure in Fiber Polymer Laminates [M]. Springer Berlin Heidelberg, 2008.

[93] Yap J W H, Scott M L, Thomson R S, et al. The analysis of skin-to-stiffener debonding in composite aerospace structures [J]. Composite Structures, 2002, 57 (1~4): 425~435.

[94] Williams J G. On the calculation of energy release rates for cracked laminates [J]. International Journal of Fracture, 1988, 36 (36): 101~119.

[95] Borg R, Nilsson L, Simonsson K. Modeling of delamination using a discretized cohesive zone and damage formulation [J]. Composites Science & Technology, 2002, 62 (10~11): 1299~1314.

[96] Shivakumar K N, Whitcomb J D. Buckling of a sublaminate in a quasi-isotropic composite laminate [J]. Journal of Composite Materials, 1985, 19 (1): 2~18.

[97] Whitcomb J D. Finite element analysis of instability related delamination growth [J]. Journal of Composite Materials, 1981, 15 (5): 403~426.

[98] Whitcomb J D, Shivakumar K N. Strain-energy release rate analysis of plates with postbuckled delaminations [J]. Journal of Composite Materials, 1989, 23 (7): 714~734.

[99] Whitcomb J D. Three-dimensional analysis of a postbuckled embedded delamination [J]. Journal of Composite Materials, 1989, 23 (9): 862~889.

[100] Klug J, Wu X, Sun C T. Efficient modeling of postbuckling delamination growth in composite laminates using plate elements [J]. AIAA Journal, 1996, 34 (1): 178~184.

[101] Gu Q, Barbato M, Conte J P. Handling of constraints in finite-element res-ponse sensitivity analysis [J]. Journal of Engineering Mechanics, 2009, 135 (12): 1427~1438.

[102] Gu Q, Conte J P, Elgamal A, et al. Finite element response sensitivity analysis of multi-yield-surface J 2, plasticity model by direct differentiation method [J]. Computer Methods in Applied Mechanics & Engineering, 2009, 198 (30~32): 2272~2285.

[103] Kleiber M. Parameter Sensitivity in Nonlinear Mechanics Theory and Finite Element Computations [M]. Publisher: John Wiley & Sons, Ltd., 1997.

[104] Kala Z. Sensitivity assessment of steel members under compression [J]. Engineering Structures, 2009, 31 (6): 1344~1348.

[105] 岳珠峰, 王富生, 等. 飞机复合材料结构分析与优化设计 [M]. 北京: 科学出版社, 2011.

[106] 郝鹏, 王博, 李刚, 等. 基于缺陷敏感性分析的加筋圆柱壳结构设计 [J]. 应用力学学报, 2013 (3): 344~349.

[107] 丁玲. 全复合材料无人机机翼结构优化设计 [D]. 长春: 中国科学院研究生院, 2014.

[108] 张志峰. 先进复合材料格栅加筋结构优化设计与损伤分析 [D]. 大连: 大连理工大学, 2008.

[109] 李洋. 薄壁加筋结构屈曲分析及优化设计 [D]. 北京: 北京工业大学, 2013.

[110] 周磊, 万志强, 杨超. 复合材料壁板铺层参数对大展弦比机翼气动弹性优化的影响

　　　　　[J]. Acta Metallurgica Sinica: English Letters, 2013, 30 (5): 195~200.

[111] 赵群, 丁运亮, 金海波. 基于压弯刚度匹配论则的复合材料加筋板结构优化设计 [J]. 南京航空航天大学学报, 2010, 42 (3): 357~362.

[112] 王小涛. 复合材料中央翼结构型式优化设计方法研究 [D]. 南京: 南京航空航天大学, 2012.

[113] 陈铁云, 沈惠中. 结构的屈曲 [M]. 上海: 上海科学技术文献出版社, 1993.

[114] 崔德刚. 结构稳定性设计手册 [M]. 北京: 航空工业出版社, 1996.

[115] Prabhakara M K, Chia C Y, Prabhakara M K, et al. Post-buckling behaviour of rectangular orthotropic plates [J]. ARCHIVE Journal of Mechanical Engineering Science 1959~1982 (vols 1~23), 1973, 15 (1): 25~33.

[116] 杨乃宾, 章怡宁. 复合材料飞机结构设计 [M]. 北京: 航空工业出版社, 2002.

[117] Trefftz E. The theory of stability in elastic balance [J]. Zeit Schrift Fur Angewandte Mathematic Und Mechanic. 1933, 1 (13): 160~165.

[118] Koiter W T. Elastic Stability, Buckling and Post-buckling Behaviour [M]. Proceedings of the IUTAM Symposium on Finite Elasticity, Springer Netherlands, 1981: 13~24.

[119] 史治宇. 变分原理及有限元 [M]. 北京: 国防工业出版社, 2016.

[120] 王勖成, 邵敏. 有限单元法基本原理和数值方法 [M]. 2 版. 北京: 清华大学出版社, 1997.

[121] 黄与宏. 板结构 [M]. 北京: 人民交通出版社, 1992.

[122] 王勖成. 有限单元法 [M]. 北京: 清华大学出版社, 2003.

[123] Graham Powell, Jeffrey Simons. Improved iteration strategy for nonlinear structures [J]. International Journal for Numerical Methods in Engineering, 1981, 17 (10): 1455~1467.

[124] Riks E. A buckling analysis of a Z-stiffened compression panel, simply supported on equidistant ribs [R]. National Luchten Ruimtevaartlaboratorium, 1978.

[125] Liu Y, Liang S, Huang Q, et al. A robust Riks-like path following method for strain-actuated snap-through phenomena in soft solids [J]. Computer Methods in Applied Mechanics & Engineering, 2017, 323: 416~438.

[126] Bellora D, Vescovini R. Hybrid geometric-dissipative arc-length methods for the quasi-static analysis of delamination problems [J]. Computers & Structures, 2016, 175: 123~133.

[127] 中国航空研究院. 复合材料结构稳定性分析指南 [M]. 北京: 航空工业出版社, 2002.

[128] 沈真. 复合材料及其结构疲劳、损伤和断裂研究概况 [J]. 复合材料学报, 1990 (2): 55~63.

[129] 赵美英, 陶梅贞. 复合材料结构力学与结构设计 [M]. 西安: 西北工业大学出版社, 2007.

[130] Hu B G, Dokainish M A, Mansour W M. Prediction of natural modes of laminated composite plates by a finite element technique [J]. Journal of Sound & Vibration, 1995, 181 (5): 839~850.

[131] 陈建桥. 复合材料力学 [M]. 武汉: 华中科技大学出版社, 2016.

[132] 杜善义. 复合材料及其结构的力学、设计、应用和评价, 第三册 [M]. 哈尔滨: 哈尔

滨工业大学出版社，2000：217~229.

［133］ 周绪红. 结构稳定理论 ［M］. 北京：高等教育出版社，2010.

［134］ 陈骥，陈浩军. 钢结构稳定：理论与设计 ［M］. 北京：中国电力出版社，2010.

［135］ Shanley F R. The column paradox ［J］. Journal of the Aeronautical Sciences, 1946, 13 (12)：678~678.

［136］ Shanley F R. Inelastic column theory ［J］. Journal of the Aeronautical Sciences, 1947, 14 (5)：261~268.

［137］ Chang F K, Scott R A, Springer G S. Failure strength of nonlinearly elastic composite laminates containing a pin loaded hole ［J］. Journal of Composite Materials, 1984, 18 (5)：464~477.

［138］ 徐焜，许希武，等. 三维编织复合材料渐进损伤的非线性数值分析 ［J］. 力学学报，2007, 23 (3)：398~407.

［139］ Goyal V K, Jaunky N R, Johnson E R, et al. Intralaminar and interlamnar progressive failure analyses of composite panels with circular cutouts ［J］. Composite Structures, 2006, 64 (1)：91~105.

［140］ 孙晶晶，张晓晶，宫占峰，等. 复合材料帽型筋条脱粘的失效机理分析 ［J］. 航空学报，2013, 34 (7)：1616~1626.

［141］ Chang F K, Lessard L B. Damage tolerance of laminated composites containing an open hole and subjected to compressive loadings：part i—analysis ［J］. Journal of Composite Materials, 1991, 25 (1)：44~64.

［142］ 苟文选. 材料力学 ［M］. 北京：科学出版社，2010.

［143］ 庄苗，张帆，岑松，等. ABAQUS 非线性有限元分析与实例 ［M］. 北京：科学出版社，2005.

［144］ 中华人民共和国建设部. GB 50017—2003 钢结构设计规范 ［S］. 北京：中国计划出版社，2003.

［145］ Timoshenko S P, Gere J M. Theory of Elastic Stability ［M］. 2nd Edition. New York：McGraw-Hill, 1961.

［146］ Brush D O, Almroth B O, Hutchinson J W. Buckling of bars, plates, and shells ［J］. Journal of Applied Mechanics, 1975, 42 (4)：485~492.

［147］ Yamaki N, Simitses G J. Elastic Stability of Circular Cylindrical Shells ［M］. North-Holland, 1984.

［148］ ENV 1993-1-6. Eurocode 3：Design of steel structures, part 1~6：general rules：supplementary rules for shell structures ［S］. European Committee for Strandardisation, Brussels, 1999.

［149］ 李兆超. 地下管道屈曲稳定研究 ［D］. 杭州：浙江大学，2012.

［150］ 陈骥. 钢结构稳定理论与设计 ［M］. 北京：科学出版社，2014.

［151］ Gupta N K. Some aspects of axial collapse of cylindrical thin-walled tubes ［J］. Thin-Walled Structures, 1998, 32：111~126.

［152］ Helwany S. Applied Soil Mechanics with Abaqus Applications ［M］. John Wiley & Sons, 2007.

[153] 庄茁，由小川，廖剑晖．基于 ABAQUS 的有限元分析和应用 ［M］．北京：清华大学出版社，2009.

[154] Benzeggagh M L, Kenane M. Measurement of mixed-mode delamination fracture toughness of unidirectional glass/epoxy composites with mixed-mode bending apparatus ［J］. Composites Science & Technology, 1996, 56 (4)：439~449.

[155] 李庆亚．薄壁加筋结构后屈曲分析方法研究 ［D］．南京：东南大学，2015.

[156] Paulo R M F, Teixeira-Dias F, Valente R A F. Numerical simulation of aluminium stiffened panels subjected to axial compression：Sensitivity analyses to initial geometrical imperfections and material properties ［J］. Thin-Walled Structures, 2013, 62 (1)：65~74.

[157] Perret A, Mistou S, Fazzini M. Global behaviour of a composite stif-fened panel in buckling. Part 1：Numerical modelling ［J］. Composite Structures, 2011, 93 (10)：2610~2618.

[158] Yu Y, Wang H B, Wan M. Prediction of stiffener buckling in press bend forming of integral panels ［J］. Transactions of Nonferrous Metals Society of China, 2011, 21 (11)：2459~2465.

[159] Bisagni C, Vescovini R. Analytical formulation for local buckling and post-buckling analysis of stiffened laminated panels ［J］. Thin-Walled Structures, 2009, 47 (3)：318~334.

[160] Perret A, Mistou S, Fazzini M. Global behaviour of a composite stiffened panel in buckling. Part 1：Numerical modelling ［J］. Composite Structures, 2011, 93 (10)：2610~2618.

[161] Laban M. Multi-disciplinaryanalysis and optimisation of supersonic transport aircraft wing planforms ［C］. AIAA/ISSMO Multidisciplinary Analysis and Optimization Conference, 2004.

[162] Mo Y, Ge D, Zhou J. Experiment and analysis of hat-stringer-stiffened composite curved panels under axial compression ［J］. Composite Structures, 2015, 123：150~160.

[163] Bertolini J, Castanié B, Barrau J J, et al. Multi-level experimental and numerical analysis of composite stiffener debonding. Part 2：Element and panel level ［J］. Composite Structures, 2009, 90 (4)：392~403.

[164] 杨胜春，管德新，李新祥．缝合复合材料整体加筋壁板的轴压稳定性试验研究 ［R］．西安：中国飞机强度研究所技术报告，2008.

[165] Hahn H T, Yang J M, Suh S S, et al. Design, manufacturing, and performance of stiffened composite panels with and without impact damage ［R］. FAA Report, DOT/FAA/AR-02/111, 2002.

[166] Hahn H T, Yang J M, Suh S S, et al. Damage to lerance and durability of selectively stitched, stiffened panels ［R］. FAA Report, DOT/FAA/AR-03 /46, 2003.

[167] Suh S S. Effect of stitching on resin film infusion and damage tolerance of stiffened composite structure ［D］. University of California, 2003.

[168] Tan Y, Wu G, Suh S S, et al. Damage tolerance and durability of selectively stitched stiffened composite structures ［J］. International Journal of Fatigue, 2008, 30 (3)：483~492.

[169] Meeks C, Greenhalgh E, Falzon B G. Stiffener debonding mechanisms in post-buckled CFRP aerospace panels ［J］. Composites Part A Applied Science & Manufacturing, 2005, 36 (7)：934~946.

[170] 葛建彪. 复合材料加筋壁板稳定性及承载能力分析 [D]. 南京：南京航空航天大学，2010：27.

[171] 刘莹. 复合材料加筋壁板结构的承载能力研究 [D]. 沈阳：东北大学，2008：39.

[172] Arbelo M A, Almeida S F M D, Donadon M V. An experimental and numerical analysis for the post-buckling behavior of composite shear webs [J]. Composite Structures, 2011, 93 (2)：465~473.

[173] 付志超，陈占军，刘子强. 大展弦比机翼气动弹性的几何非线性效应 [J]. 工程力学，2017, 34 (4)：231~240.

[174] Degenhardt R, Castro S G P, Arbelo M A, et al. Future structural stability design for composite space and airframe structures [J]. Thin-Walled Structures, 2014, 81 (8)：29~38.

[175] 何维，杨华. 模型参数全局敏感性分析的 EFAST 方法 [J]. 遥感技术与应用，2013, 28 (5)：836~843.

[176] 王锋. 拱坝受力影响因素的敏感性分析 [D]. 昆明：昆明理工大学，2013：1~10.

[177] Saltelli A, Chan K, Scott M. Sensitivity Analysis [M]. West Sussex：John Wiley & Son, 2000.

[178] Holvoet K, Griensven A V, Seuntjens P, et al. Sensitivity analysis for hydrology and pesticide supply towards the river in SWAT [J]. Physics & Chemistry of the Earth Parts A/B/C, 2005, 30 (8)：518~526.

[179] Saltelli A, Annoni P. How to avoid a perfunctory sensitivity analysis [J]. Environmental Modelling & Software, 2010, 25 (12)：1508~1517.

[180] Cloke H L, Pappenberger F, Renaud J P. Multi-method global sensitivity analysis (MMGSA) for modelling floodplain hydrological processes [J]. Hydrological Processes, 2008, 22 (11)：1660~1674.

[181] Tong C. Self-validated variance-based methods for sensitivity analysis of model outputs [J]. Reliability Engineering & System Safety, 2010, 95 (3)：301~309.

[182] Saltelli A. Global Sensitivity Analysis：The Primer [M]. John Wiley, 2008.

[183] 胡海昌. 多自由度结构固有振动理论 [M]. 北京：科学出版社，1987.

[184] 陈塑寰. 结构振动分析的矩阵摄动理论 [M]. 重庆：重庆出版社，1991.

[185] Chun W J. Core Python Programming [M]. 2nd Edition. Prentice Hall PTR, 2007：3~18.

[186] Vescovini R, Bisagni C. Two-step procedure for fast post-buckling analysis of composite stiffened panels [J]. Computers & Structures, 2013, 128 (5)：38~47.

[187] Lanzi L. A numerical and experimental investigation on composite stiffened panels into post-buckling [J]. Thin-Walled Structures, 2004, 42 (12)：1645~1664.

[188] 卢险峰. 优化设计导引 [M]. 北京：化学工业出版社，2010.

[189] 钱令希. 工程结构优化设计 [M]. 北京：科学出版社，2011.

[190] Michell A G M. The limits of economy of material in frame structures [J]. Philosophical Magazine, Series 6, 1904, 8 (11)：589~595.

[191] Maxwell C. The scientific papers [J]. IL Nuovo Cimento, 1869, 2：175~177.

[192] Cox H L, Smith H E. Structures of minimum weight [R]. Aeronautical Research Committee,

Reports and Memoranda, 1943.

[193] Zahorski A. Effects of material distribution on strength of panels [J]. Journal of the Aeronautical Sciences, 1944, 2 (7): 247~248.

[194] Shanley F R. Weight–strength analysis of aircraft structures [J]. McGraw–Hill NY, 1952, 3 (4): 219~231.

[195] Venter G, Haftka R, Starnes J. Construction of response surface approximations for design optimization [J]. AIAA Journal, 1998, 36 (12): 2242~2249.

[196] Klein B. Direct use of extremal principles in solving certain optimizing problems involving inequalities [J]. Journal of the Operations Research Society of America, 1955, 3 (2): 168~175.

[197] Pearson C W. Structural design by high–speed computing machines [C]. Pro–ceedings of the 1st Conference on Electronic Computation, Structual Division, ASCE, New York, 1958: 417~436.

[198] Prager W, Taylor J E. Problems of optimal structural design [J]. Journal of Applied Mechanics, 1968, 35 (1): 132.

[199] Schmit L A, Fleury C. Structural synthesis by combining approximation concepts and dual methods [J]. AIAA Journal, 2012, 18 (10): 1252~1260.

[200] Vanderplaats G, Salajegheh E. An approximation method for structural synthesis with discrete sizing and shape variables, using duality theory [C]. 35th Structures, Structural Dynamics, and Materials Conference, Hilton Head, SC, USA, 2013.

[201] Schmit L A, Ramanathan R K. Multilevel approach to minimum weight design including buckling constraints [J]. AIAA Joural, 1978, 16 (2): 97~104.

[202] Balabanov V O, Giunta A A, Golovidov O, et al. Reasonable design space approach to response surface approximation [J]. Journal of Aircraft, 1999, 36 (1): 308~315.

[203] Yu X Q, Stelmach M A, Batill S M. An application of concurrent subspace design (CSD) to the preliminary design of a low–reynolds number UAV [C]. 7th AIAA/USAF/NASA/ISSMO Symposium on Multidisciplinary Analysis and Optimization, 1998.

[204] Lin P, Jules K. Optimized multidisciplinary system design for aircraft and propulsion systems [C]. AIAA/ASME/SAE/ASEE Joint Propulsion Conference and Exhibit, Joint Propulsion Conferences, Cleveland, OH, USA, 2013: 488~493.

[205] Cheng F Y, Li D. Multiobjective optimization design with Pareto genetic algorithm [J]. Journal of Structural Engineering, 1999, 123 (9): 1252~1261.

[206] 杨伟, 常楠, 王伟. 飞机复合材料翼面结构优化设计理论与应用 [M]. 北京: 国防工业出版社, 2014.

[207] 李为吉, 宋笔锋, 孙侠生, 等. 飞行器结构优化设计 [M]. 北京: 国防工业出版社, 2005.

[208] 尹泽勇, 米栋. 航空发动机多学科设计优化 [M]. 北京: 北京航空航天大学出版社, 2015.

[209] 奥野忠一, 等. 试验设计方法 [M]. 北京: 机械工业出版社, 1985.

［210］ 张光澄. 非线性最优化计算方法 ［M］. 北京：高等教育出版社，2005.

［211］ 何坚勇. 最优化方法 ［M］. 北京：清华大学出版社，2007.

［212］ 赖宇阳. 叶片气动设计中组合优化方案的算法研究和系统实现 ［D］. 北京：清华大学，2002.

［213］ 航空航天工业部科学技术研究院. 复合材料设计手册 ［M］. 北京：航空工业出版社，1990.

［214］ Arbelo M A, Almeida S F M D, Donadon M V. An experimental and numerical analysis for the post-buckling behavior of composite shear webs ［J］. Composite Structures, 2011, 93 （2）：465~473.

［215］ Ascione L, Berardi V P, Giordano A, et al. Macro-scale analysis of local and global buckling behavior of T and C composite sections ［J］. Mechanics Research Communications, 2014, 58：105~111.

［216］ Lee J. Lateral buckling analysis of thin-walled laminated composite beams withmonosymmetric sections ［J］. Engineering Structures, 2006, 8 （14）：1997~2009.

后　记

书稿完成之际，百感交集，但首先想到的是感谢我尊敬的导师苟文选教授。苟老师踏实的工作作风、严谨的治学态度、高尚的师德以及虚怀若谷的处事风格都给我留下了深刻的印象，将使我受益匪浅。在此，谨向恩师表示衷心的感谢！

在此还要特别感谢课题组项目带头人岳珠峰教授为本人提供的优越的科研条件和良好的科研氛围，更提供了科研项目的支持和科研方向的指导。岳老师虽然身兼行政职务但还经常清晨第一个来到教研室，节假日也很少休息，可以说是我们课题组学生学习的榜样。

感谢课题组王富生、刘军副教授在我攻读博士期间给予的在学术上的指导和在生活中的理解与帮助。王富生老师不但治学严谨而且对管理科研项目工作很有经验，指导我多次圆满完成课题组的项目。在我学术论文的发表、博士论文选题和完成的过程中，王老师都提出了许多宝贵的意见和建议。

耿小亮高级工程师提供了关键的试验数据和试验操作上的指导，感谢耿老师的无私帮助！

此外感谢课题组的刘伟、高宗战、王佩艳、敖良波、何新党老师在科研和生活上给予了许多有益的指导和帮助，闫五柱、元辛老师，在学术论文发表和博士论文完成工作中提出了很多非常有价值的意见。还要感谢课题组已经毕业和正在学习的同窗好友刘志强博士、康建雄博士、霍世慧博士、杨帆博士、华林博士、吴亨贵硕士、张治国硕士、赵万佳硕士、王昕硕士、鲁静硕士等同学和我在西工大学习的这段难忘经历!

　　感谢我年事已高的父母和家人对我的理解和支持,你们是我坚强的后盾,使我能够安心在职脱产学习,祝你们永远健康,快乐!

　　最后向所有在我成长道路上帮助过我的人表示谢意。

王文浩

2019 年 6 月